永和树木图志

YONGHE SHUMU TUZHI

郭永平 编著

中国林业出版社

序 一

永和县是国家生态建设重点县，对林业工作高度重视。近年来，县委、县政府带领全县人民，大力实施“林果富民、生态立县”战略，在林业建设上取得了一项又一项令人瞩目的成效。《永和树木图志》的成功编撰，又是全县林业建设史上的一项重要成果。

本书作者郭永平同志，现任永和县政协主席。他热爱家乡、热爱科学，是一位学者型领导干部。他毕业于山西农业大学林学专业，在县林业局工作多年，《永和树木图志》是他多年来坚持学习、不断探索的总结，是扎实的专业知识和丰富的工作实践相结合的硕果。

树木是人类生产、生活、生存环境的重要组成部分。正确识别树木、了解其生长习性，是尊重自然、保护自然、建设美丽家园、实现生态文明的基础。相信本书的出版一定能为树木爱好者正确识别树种提供帮助，一定能为林业科学研究提供第一手资料，一定能为植树造林、国土美化提供科学依据，一定能为美丽永和、富裕永和建设增添动力。

在该书即将付梓印刷之际，谨以寥寥数语表达欣喜之情，并向永平同志表示由衷的祝贺。

中共永和县委书记 加天山　　永和县人民政府县长 [signature]

2016年7月

序二

众所周知，永和县土地贫瘠、水土流失严重、植物多样性较低，因此，了解该地区的树木种类对于挖掘当地乡土树种资源、引进外来树种资源具有重要指导作用，对促进植树造林、提高植被覆盖、增进绿化美化效果具有很好的现实意义。也正因为如此，《永和树木图志》的编辑和出版是永和县利在当前、功及后人的一桩好事。

《永和树木图志》的作者郭永平是我的大学老同学，在他编著此书的过程中，我力所能及地帮了一点忙。看到他的努力有始有终，我自然由衷高兴。实际上，此书的出版是作者三十来年从事永和县林业实际工作和其本人兴趣所在的结果。该图志的最大亮点是书中所有树木图片都是作者亲自拍摄，完全是第一手资料。因此拍摄过程中所付出的努力也是可以想象的。

《永和树木图志》中包含了永和县所有乡土和外来引进的木本植物，可供农林、园林绿化、水土保持等相关从业人员和相关专业的师生以及业余爱好者参考。期望该书会得到同行的认可，也会在当地的国土绿化美化事业中起到积极的参考作用。

山西农业大学林学院教授 王良民

2016年6月

前言

山西省永和县地处吕梁山南麓。境内山峦起伏，沟壑纵横，是黄土高原水土流失的重点区域。多年来，特别是近40年来，为了改善生态环境，历届县委、县政府带领全县人民不懈努力，加强林业建设，并取得了引人注目的成绩。

为了增强生态林业建设的科学性，推进生态林业科学发展，永和县政协主持编写了《永和树木图志》，一是把多年来永和县树木资源调查研究的成果作一个总结；二是为这一区域今后生态林业建设及国土绿化美化提供参考依据；三是作为科学研究资料的整理保存。总之，为建设美好家园增添正能量。

该图志是郭永平同志在多年积累资料的基础上，又从2014年开始，用两年多的时间，拍摄采集树木图片1万余幅，经过综合整理，编撰完成。书中共包含54科98属181种（包括种下单位），展现树木图片670余幅。

该图志中的图片全为作者野外实地拍摄而成，真实地反映了树木的原有色彩和自然生长环境。本书的文字部分参考了《中国树木志》、《华北树木志》、《山西树木志》等资料，分类系统以恩格勒系统为基础，略有改动。书中编制了分科、分属、分种检索表，简述了每个树种主要形态特征、地理分布、生态习性等，便于读者识别和参考。

在编写该图志的过程中，山西大学谢映平教授精心策划，山西农业大学林学院王良民教授亲临指导并多次提出修改意见，在此表示诚挚的感谢！此外，还要感谢冯书霞、樊蒲霖、

高润平、冯爱民、马文成、冯永林、马欣荣、郭维勇、于金喜、刘海丽、冯丹霞、毛海龙等同志，以及乡村干部群众的积极支持。感谢中国林业出版社刘家玲等同志为该图志的出版给予的指导和帮助。

本书的出版得到永和县委、县政府的大力支持，在此表示衷心的感谢！

由于业务水平所限，难免存在缺失和错误，恳请读者指正。

永和县政协

2016年7月

目 录

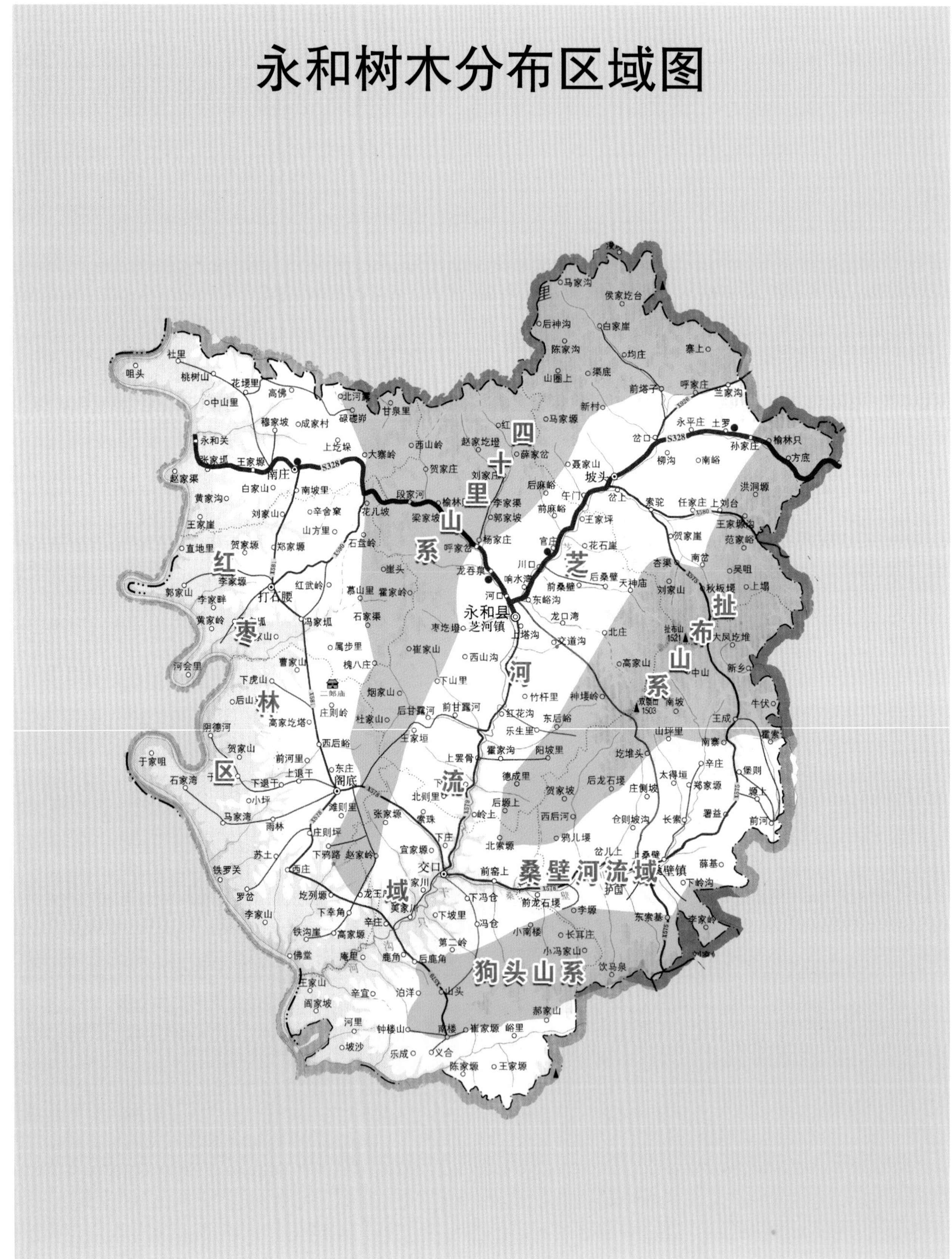
永和树木分布区域图
四十里山系
芝河流域
扯布山系
红枣林区
桑壁河流域
狗头山系
永和县
芝河镇
S328
杜里
咀头
桃树山
花璞里
中山里
高佛
北河
甘泉里
穆家坡
成家村
永和关
张家垣
王家塬
南庄
上圪垛
大寨岭
西山岭
赵家圪塔
薛家岔
马家塬
新村
前塔子
呼家庄
兰家沟
永平庄
土罗
岔口
孙家庄
榆林只
方底
柳沟
南峪
坡头
聂家山
后麻峪
前麻峪
午门
岔上
索驼
任家庄
上刘台
洪洞塬
王家塬沟
范家峪
贺家崖
南岔
吴咀
杏渠
秋板堤
上塌
刘家山
扯布山
大凤圪堆
新乡
中山
牛伏
南坡
王成
南寨
堡则
辛庄
郑家塬
太得垣
塬上
前河
薯益
长索
薛基
桑壁镇
下岭沟
李家岭
东索基
护国
马家沟
侯家圪台
后神沟
白家崖
均庄
陈家沟
寨上
山圈上
渠底
赵家渠
白家山
南坡里
黄家沟
辛舍窠
刘家山
山方里
王家崖
郑家塬
贺家塬
直地里
石盘岭
花儿坡
段家河
梁家坡
榆林
刘家庄
李家渠
郭家坡
杨家庄
呼家岔
龙吞泉
川口
响水湾
花石崖
宫庄
王家坪
后桑壁
前桑壁
天神庙
东峪沟
龙口湾
河口
上塔沟
文道沟
北庄
高家山
李家畔
郭家山
黄家岭
打石腰
红武岭
崖头
慕山里
霍家岭
石家渠
冯家垣
枣圪塔
崔家山
西山沟
属步里
曹家山
槐八庄
下山里
下虎山
后山
竹杆里
神堎岭
烟家山
二郎庙
后甘露河
前甘露河
红花沟
东后峪
乐生里
庄则岭
杜家山
阳德河
高家圪塔
河会里
王家垣
霍家沟
阳坡里
圪堆头
西后岭
上罢骨
贺家山
前河里
于家咀
石家湾
东庄
阁底
上退干
下退干
德成里
后龙石堎
庄侧坡
贺家坡
北则里
后塬上
小坪
马家湾
雨林
滩则里
张家塬
索珠
岭上
西后河
仓则坡沟
庄则坪
鸦儿堎
北家塬
岔儿上
苏土
下鸦路
赵家岭
宜家塬
铁罗关
西庄
交口
前窑上
前龙石堎
罗岔
圪列塬
龙王庄
下冯仓
李家山
下辛角
黄家川
下坡里
冯仓
李塬
铁沟崖
高家塬
辛庄
小南楼
长耳庄
第二岭
小冯家山
佛堂
庵里
鹿角
后鹿角
饮马泉
王家山
阎家坡
辛宜
泊洋
山头
郝家山
河里
钟楼山
南楼
崔家塬
峪里
坡沙
乐成
义合
陈家塬
王家塬

永和树木生长环境与分布

永和县位于晋西吕梁山脉南端，晋陕大峡谷的黄河东岸，地处东经110° 22′ ~110° 49′ ，北纬36° 31′ ~36° 56′ 之间，东邻隰县，南连大宁，北接石楼，西濒黄河，与陕西省延长、延川二县隔河相望。南北长46公里，东西宽41公里，总面积1212平方公里。最高海拔1521米（扯布山），最低海拔511.9米（芝河入黄河处佛堂村），相对高差为1009.1米。

全县属黄土丘陵残塬沟壑区。境内残塬支离破碎，梁峁起伏纵横。总的地貌呈东北高西南低之势，可概括为：三山五塬四河两川。三山：四十里山系、扯布山系、狗头山系，基本为东北—西南走向，成“川”字形排列，布满全境，形成了有利于各类树木生息繁衍的环境。五塬：桑壁塬、署益塬、南楼塬、阁西塬、辛角塬，集中在县东南区域，为主要农耕区。四河：黄河、芝河、桑壁河、峪里河。黄河流经县西68公里，为秦晋省界，沿岸区域为枣树最佳生态区。峪里河发源于狗头山东南，侧沿大宁、永和县界注入黄河。芝河、桑壁河两条河流形成两川，贯穿南北、东西，是全县的政治经济文化中心地，也是引入树种最多的区域。

气候属大陆性半干旱气候。全年较为温和，四季分明，昼夜温差大，具有春季干旱多风、夏季漫长干燥、冬季寒冷少雪的温带季风特点。平均气温9.5℃，最高气温35.8℃，最低气温-22.2℃，≥10℃的年平均积温3360.2℃；无霜期平均为183天，县境东北部高寒区仅有145天左右，西北部黄河沿岸可达到192天；全年降水量为510.7毫米，其中6～9月份降水量为385毫米，占年降水量的75%。

土壤可分为2个土类（灰褐土和草甸土），灰褐土占96.4%。其中：山地灰褐土，占总面积的23.8%，分布在海拔1200～1400米的中低山区，包括三大山系海拔较高的地区，植被较好。灰褐土性土，占总面积的69.6%，分布于全县广大丘陵地区，该区水土流失严重，植被较差。灰褐土，占总面积的3%，以塬平地和沟川高平阶地为主，该区水土流失较轻。

全县植被覆盖度因地而异，分布不均，自东向西逐渐减少，黄土残塬区覆盖度小于土石山区。主要植被可分为三个区：

黄土残塬区：自然植被稀少，人工植被较多。主要人工植被为刺槐、油松、侧柏、核桃、苹果等，沿黄河带有20余万亩（1亩=1/15公顷，下同）的红枣林带；自然植被分布在偏远的山沟及荒坡，主要有薄皮木、铁扫

帚、铁杆蒿、沙棘、红花锦鸡儿、酸枣、胡枝子、达乌里胡枝子、华北丁香、三裂绣线菊、土庄绣线菊、虎榛子和小片河北杨，还有散生的杨、柳、榆、桑、国槐、杜梨、侧柏、臭椿、楸树等树种。

土石山区：四十里山、扯布山、狗头山三大山系主脊两侧自然植被茂盛，主要有旱柳、红皮柳、乌柳、崖柳、金银忍冬、葱皮忍冬、山楂、暴马丁香、华北卫矛、杜梨、华北紫丁香、虎榛子、黄栌、细裂槭、黄刺玫、水栒子、毛叶水栒子、土庄绣线菊、三裂绣线菊、红花锦鸡儿、秦晋锦鸡儿、陕西荚蒾、西北栒子、山葡萄、南蛇藤、乌头叶蛇葡萄、翅果油树，还有山桃、少脉雀梅藤、山杏、旱榆、春榆、小叶鼠李、柳叶鼠李、沙棘、荆条、文冠果、栾树、白刺花、酸枣等，侧柏次生林、山杨林和山杏林成片状分布；人工林有油松、侧柏、刺槐等。

此外：四十里山有人工华山松，扯布山有太平花，狗头山系有荆条、锐齿鼠李、毛樱桃、细叶小檗等。

河川区：以公园和道路绿化为主，引入树种较多。主要树种有新疆杨、沙兰杨、国槐、旱柳、紫花槐、银杏、雪松、白皮松、云杉、侧柏、油松、华北卫矛、榆叶梅、紫叶李、紫叶矮樱、火炬树、合欢、冬青卫矛等。

分科检索表

一、大类初检表

1. 木质藤本或单子叶木本植物（竹）……（一）
1. 直立木本植物，非单子叶植物……2
2. 具刺……（二）
2. 无刺……3
3. 乔木……4
3. 灌木……6
4. 单叶……5
4. 复叶……（三）
5. 叶互生或针叶簇生……（四）
5. 叶对生或轮生……（五）
6. 叶互生……（六）
6. 叶对生或轮生……（七）

二、复检表

（一）木质藤本或单子叶植物

1. 单子叶植物……54. 禾本科 Gramineae
1. 双子叶植物……2
2. 植物体具卷须或吸盘……32. 葡萄科 Vitaceae
2. 植物体不具卷须或吸盘……3
3. 叶互生……4
3. 叶对生……7
4. 复叶，荚果……21. 豆科 Leguminosae
4. 单叶，非荚果……5

5．叶柄盾状着生，叶全缘或3～7浅波状裂 ······ 14. 防己科 Menispermaceae

5．非上述特征 ······ 6

6．蒴果，种子具红色假种皮 ······ 28. 卫矛科 Celastraceae

6．瘦果，种子不具假种皮 ······ 12. 蓼科 Polygonaceae

7．植物体具白色乳汁 ······ 45. 萝藦科 Asclepiadaceae

7．植物体不具乳汁 ······ 15. 毛茛科 Ranunculaceae

（二）具刺树木（包括枝刺、叶刺、托叶刺、皮刺）

1．叶具透明腺点 ······ 22. 芸香科 Rutaceae

1．叶不具透明腺点 ······ 2

2．叶背具银色鳞片 ······ 37. 胡颓子科 Elaeagnaceae

2．叶无银色鳞片 ······ 3

3．枝上具分枝刺 ······ 4

3．枝上不具分枝刺 ······ 5

4．具分枝枝刺，复叶，荚果 ······ 21. 豆科 Leguminosae

4．具三叉托叶刺，单叶，浆果 ······ 13. 小檗科 Berberidaceae

5．复叶 ······ 6

5．单叶 ······ 7

6．小叶全缘，蝶形花冠，荚果 ······ 21. 豆科 Leguminosae

6．小叶边缘有裂或锯齿 ······ 20. 蔷薇科 Rosaceae

7．翅果，叶具羽状脉 ······ 9. 榆科 Ulmaceae

7．不为翅果 ······ 8

8．雄蕊多数，具托叶 ······ 20. 蔷薇科 Rosaceae

8．雄蕊4～5 ······ 9

9．离瓣花，核果 ······ 31. 鼠李科 Rhamnaceae

9．合瓣花，浆果 ······ 48. 茄科 Solanaceae

（三）无刺，乔木，复叶

1．叶对生 ······ 2

1．叶互生 ······ 3

2．双翅果 ……………………………………………………………… 29. 槭树科 Aceraceae

2．单翅果 ……………………………………………………………… 42. 木犀科 Oleaceae

3．叶全缘，荚果 ………………………………………………………… 21. 豆科 Leguminosae

3．叶缘锯齿状或有裂 ……………………………………………………………… 4

4．翅果，小叶基部裂片具臭腺 …………………………………… 23. 苦木科 Simaroubaceae

4．非翅果 ……………………………………………………………………………… 5

5．蒴果 ………………………………………………………………………………… 6

5．核果或假核果 ……………………………………………………………………… 7

6．叶常为偶数羽状复叶，蒴果5裂 ………………………………… 24. 楝科 Meliaceae

6．奇数羽状复叶，蒴果3裂 ………………………………………… 30. 无患子科 Sapindaceae

7．雌雄同株，雄花序为柔荑花序，假核果大 …………………… 6. 胡桃科 Juglandaceae

7．雌雄异株，圆锥花序顶生，核果小 …………………………… 27. 漆树科 Anacardiaceae

（四）乔木，单叶互生或针叶簇生

1．常绿 …………………………………………………………………… 2. 松科 Pinaceae

1．落叶 ………………………………………………………………………………… 2

2．叶片扇形 ……………………………………………………………… 1. 银杏科 Ginkgoaceae

2．叶片非扇形 ………………………………………………………………………… 3

3．叶条形、鳞形或钻形 ……………………………………………………………… 4

3．叶非条形、鳞形或钻形 …………………………………………………………… 5

4．叶条形，球果 …………………………………………………………… 2. 松科 Pinaceae

4．叶鳞形或钻形，蒴果 ………………………………………… 35. 柽柳科 Tamaricaceae

5．具白色乳汁 ………………………………………………………… 10. 桑科 Moraceae

5．不具白色乳汁 ……………………………………………………………………… 6

6．叶片内有胶质丝；翅果；枝髓具横隔片 ……………………… 18. 杜仲科 Eucommiaceae

6．叶片内无胶质丝 …………………………………………………………………… 7

7．坚果具壳斗 …………………………………………………………… 8. 壳斗科 Fagaceae

7．果实不具壳斗 ……………………………………………………………………… 8

8．蓇葖果 ……………………………………………………………………………… 9

8．不为蓇葖果 ………………………………………………………………………… 10

9. 雄蕊多数，离生心皮 ……16. 木兰科 Magnoliaceae

9. 雄蕊10～15，心皮5，合生 ……34. 梧桐科 Sterculiaceae

10. 芽为柄下芽 ……19. 悬铃木科 Platanaceae

10. 芽外露 ……11

11. 叶全缘 ……12

11. 叶缘锯齿状或有裂 ……15

12. 叶背密生灰白色星状毛 ……37. 胡颓子科 Elaeagnaceae

12. 叶不具灰白星状毛 ……13

13. 荚果开裂；花紫色，花冠假蝶形 ……21. 豆科 Leguminosae

13. 浆果或核果，不开裂 ……14

14. 叶椭圆形，浆果大 ……41. 柿树科 Ebenaceae

14. 叶圆形或卵圆形，核果小 ……27. 漆树科 Anacardiaceae

15. 雌雄异株，至少雄花成柔荑花序 ……5. 杨柳科 Salicaceae

15. 雌雄同株 ……16

16. 无花瓣 ……9. 榆科 Ulmaceae

16. 具花瓣 ……17

17. 雄蕊离生，梨果或核果 ……20. 蔷薇科 Rosaceae

17. 单体雄蕊，蒴果 ……33. 锦葵科 Malvaceae

（五）乔木，单叶对生或轮生

1. 常绿，裸子植物 ……3. 柏科 Cupressaceae

1. 落叶，被子植物 ……2

2. 双翅果 ……29. 槭树科 Aceraceae

2. 非双翅果 ……3

3. 叶缘锯齿状，种子具红色假种皮 ……28. 卫矛科 Celastraceae

3. 叶全缘 ……4

4. 叶为弧形脉 ……40. 山茱萸科 Cornaceae

4. 叶非弧形脉 ……5

5. 叶背脉腋有黑色腺点，蒴果圆筒形，极长 ……50. 紫葳科 Bignoniaceae

5. 叶背脉腋无黑色腺点，果不狭长 ……6

6. 花冠合瓣，雄蕊2 ……………………………… 42. 木犀科 Oleaceae

6. 花冠唇形，雄蕊4 ……………………………… 49. 玄参科 Scrophulariaceae

（六）灌木，叶互生

1. 蝶形花或假蝶形花，荚果 ……………………………… 21. 豆科 Leguminosae

1. 非上述特征 ……………………………… 2

2. 叶为二回三出复叶，蓇葖果 ……………………………… 15. 毛茛科 Ranunculaceae

2. 单叶或一回羽状复叶 ……………………………… 3

3. 头状花序 ……………………………… 53. 菊科 Compositae

3. 非头状花序 ……………………………… 4

4. 具乳汁，心皮3 ……………………………… 26. 大戟科 Euphorbiaceae

4. 不具乳汁 ……………………………… 5

5. 叶全缘 ……………………………… 6

5. 叶缘具锯齿或开裂 ……………………………… 8

6. 花序上不育花梗羽毛状，心皮2，核果 ……………………………… 27. 漆树科 Anacardiaceae

6. 不为上述特征 ……………………………… 7

7. 花5出数，梨果 ……………………………… 20. 蔷薇科 Rosaceae

7. 花6出数，蒴果 ……………………………… 38. 千屈菜科 Lythraceae

8. 单被花，翅果 ……………………………… 9. 榆科 Ulmaceae

8. 非翅果 ……………………………… 9

9. 合瓣花，4出数，蒴果 ……………………………… 43. 马钱科 Loganiaceae

9. 离瓣花 ……………………………… 10

10. 花单性，坚果为总苞全包 ……………………………… 7. 桦木科 Betulaceae

10. 花两性，非坚果 ……………………………… 20. 蔷薇科 Rosaceae

（七）灌木，叶对生或轮生

1. 寄生树上，雌雄异株，叶对生或轮生 ……………………………… 11. 桑寄生科 Loanthaceae

1. 非寄生植物 ……………………………… 2

2. 裸子植物，枝绿色，叶退化为膜质 ……………………………… 4. 麻黄科 Ephedraceae

2. 被子植物 ……………………………… 3

3. 常绿 ……………………………… 4

3. 落叶 ……………………………………………………………………………………5
4. 花单性同株 ……………………………………………… 25. 黄杨科 Buxaceae
4. 花两性 …………………………………………………… 28. 卫矛科 Celastraceae
5. 复叶 ……………………………………………………………………………………6
5. 单叶 ……………………………………………………………………………………7
6. 掌状复叶，核果 ………………………………………… 46. 马鞭草科 Verbenaceae
6. 三出复叶或单叶 ………………………………………… 42. 木犀科 Oleaceae
7. 单被花，花被合生成管状，核果 ………………………… 36. 瑞香科 Thymelaeaceae
7. 双被花 …………………………………………………………………………………8
8. 花瓣分离 ………………………………………………………………………………9
8. 花瓣合生 ………………………………………………………………………………14
9. 雄蕊多数 ………………………………………………………………………………10
9. 雄蕊4～5，核果或蒴果 ………………………………………………………………11
10. 子房下位，萼筒成壶状，红色，肉质；浆果 …………… 39. 石榴科 Punicaceae
10. 子房上位；蒴果 ………………………………………… 17. 虎耳草科 Saxifragaceae
11. 雄蕊对瓣，核果 ………………………………………… 31. 鼠李科 Rhamnaceae
11. 雄蕊对萼 ………………………………………………………………………………12
12. 叶主脉弧形，核果或浆果状核果 ………………………… 40. 山茱萸科 Cornaceae
12. 叶脉不成弧形，蒴果 …………………………………………………………………13
13. 树皮剥落，种子无假种皮 ……………………………… 38. 千屈菜科 Lythraceae
13. 树皮不剥落，种子具红色假种皮 ………………………… 28. 卫矛科 Celastraceae
14. 具乳汁 …………………………………………………… 44. 夹竹桃科 Apocynaceae
14. 不具乳汁 ………………………………………………………………………………15
15. 雄蕊2 …………………………………………………… 42. 木犀科 Oleaceae
15. 雄蕊4～5 ………………………………………………………………………………16
16. 花辐射对称，管状，雄蕊5 ……………………………… 51. 茜草科 Rubiaceae
16. 花两侧对称 ……………………………………………………………………………17
17. 子房上位，四深裂，小坚果 ……………………………… 47. 唇形科 Labiatae
17. 子房下位，不裂，浆果、核果或蒴果 …………………… 52. 忍冬科 Caprifoliaceae

1. 银杏科 | Ginkgoaceae

落叶大乔木，高达40米，胸径可达4米。幼树树皮近平滑，浅灰色，大树之皮灰褐色，不规则纵裂，有长枝与生长缓慢的距状短枝。叶互生，在长枝上辐射状散生，在短枝上3～5成簇生状；有细长的叶柄，扇形，两面淡绿色，在宽阔的顶缘多少具缺刻或2裂，宽5～8厘米，具多数叉状叶脉、并列。雌雄异株，稀同株，球花单生于短枝的叶腋；雄球花成柔荑花序状，雄蕊多数，各有2花药；雌球花有长梗，梗端分两叉，生有2珠座，每株座有1胚珠，常有1颗胚珠发育成种子。种子椭圆形或近球形，长2.5～3.5厘米；假种皮肉质，被白粉，成熟时淡黄色或橙黄色，有臭味；种皮骨质，白色，常具2～3纵棱；内种皮膜质，淡红褐色，胚乳丰富，具2枚子叶。

我国特产，仅1属1种，是十分珍贵的古老树种之一。我国仅浙江天目山有野生状态的树木，之外多属于人工栽培。

银杏属　*Ginkgo* L.

形态特征同科。

银 杏　*Ginkgo biloba* L.　又名：白果树、公孙树

形态特征同科。花期4月，果期10～11月。树干挺拔，树形优美，新叶嫩绿，秋叶鲜黄，抗病力强、耐污力高，寿龄极长，为珍贵的园林绿化树种。

永和县2007年引入，用于正大街绿化和国家黄河蛇曲地质公园景区绿化。能正常开花结果。

1

2

1 夏球果
2 秋球果
3 秋叶
4 雌球花
5 雄球花

2. 松科 | Pinaceae

常绿乔木，稀灌木，有树脂。叶螺旋排列，单生或簇生，线形或针状，大多数宿存，有时脱落。花单性，雌雄同株；雄球花具多数螺旋状排列的雄蕊，每雄蕊有花药2枚；雌球花由多数螺旋状排列的珠鳞和苞鳞组成，每珠鳞内有胚珠2颗，珠鳞与苞鳞分离，花后珠鳞增大成种鳞。球果熟时种鳞木质或革质，每种鳞具2粒种子。种子常有翅。

约10属230余种，多产于北半球。我国10属93种，分布几遍全国。永和县4属6种。

分属检索表

1. 叶针形，2、3、5针一束，常绿；球果翌年成熟，种鳞宿存 ……………… 4. 松属 ***Pinus***

1. 叶条形扁平，或具四棱及三棱状针形，螺旋状排列或在短枝上成簇生状 ……………… 2

2. 无短枝，叶条形扁平或具四棱；果实当年成熟 ……………… 1. 云杉属 ***Picea***

2. 具短枝，叶条形扁平或针形，叶在长枝上螺旋状排列，在短枝上成簇生状 ……………… 3

3. 落叶乔木；叶扁平，柔软，倒披针状线形或线形；果实当年成熟 ……………… 2. 落叶松属 ***Larix***

3. 常绿乔木；叶针形，坚硬；果实翌年成熟 ……………… 3. 雪松属 ***Cedrus***

油松林 2016.04.22摄于国营林场

1. 云杉属 *Picea* Dietr

40种，分布于北温带。我国19种。永和县引入1种。

白 杄 *Picea meyeri* Rehd. et Wils.

常绿乔木，高达30米。树皮淡灰褐色或淡褐灰色。小枝淡褐黄色或黄褐色；冬芽圆锥形，有树脂。叶在枝杆上辐射伸展，四棱状条形，长1～3厘米，微弯曲，先端微尖或急尖。雌雄同株，雄球花单生叶腋，雌球花单生枝顶；球果圆柱状矩圆形或圆柱形，成熟前绿色，熟时淡褐色或栗褐色，长6～9厘米，径2.5～3.5厘米；种子倒卵圆形，种翅淡褐色。花期4～5月，球果9～10月成熟。

我国特有树种，以华北山地分布为广。系浅根性树种，稍耐阴，能耐干燥及寒冷的环境条件，在气候凉润，土层深厚，排水良好的微酸性棕色森林土地带生长迅速，发育良好。

永和县2007年引入，在城区和国家黄河蛇曲地质公园有栽植，能正常开花结果。

1 雄球花
2 雌球花
3 幼球果
4 开裂球果

2. 落叶松属 *Larix* Mill.

约18种，分布于北半球的温带高山和及寒带南部。我国10种。永和县引入1种。

华北落叶松 *Larix principis-rupprechtii* Mayr. 又名：红杆

落叶乔木，高达30米。大枝平展，树冠圆锥形。树皮暗灰色，不规则纵裂，内皮暗红色。叶窄条形，扁平，柔软，螺旋排列于长枝上或簇生于短枝上，长2～3厘米，宽1～1.5毫米。球花单性同株；雄球花矩圆形；雌球花直立，由多数珠鳞组成，内有胚珠2颗。球果长卵形或卵圆形，长2～4厘米，径约2厘米；种子灰白色，有褐色斑纹，有翅。4～5月开花，当年10月种熟。

我国特产，是华北地区高山针叶林带中的主要森林树种。耐寒、喜光，生长快，常用于荒山造林或庭园绿化。木材淡褐色，坚韧耐腐，用作建筑、桥梁、车船、家具等。

永和县1984年引入，在国营林场、南庄乡林场、桑壁镇杨木杆林场有栽培。从引种情况来看，在海拔1200米以上的地方生长较好（高达12米，胸径30厘米），在海拔1000米以下的地方生长较慢。

2015.08.25摄于国营林场

1 树干
2 雄球花
3 雌球花
4 幼球果
5 开裂球果

3. 雪松属 *Cedrus* Trew

约4种，分布于非洲北部、亚洲西部。我国有1种，产西藏。永和县引入1种。

雪 松 *Cedrus deodara* (Roxb.) G. Don

常绿大乔木，高20余米。枝下高低，大枝一般平展，小枝略下垂。树皮灰褐色，裂成鳞片状，老时剥落。叶在长枝上为螺旋状散生，在短枝上簇生；叶针状，质硬，先端尖细，叶色淡绿至蓝绿。雌雄异株，稀同珠，球花单生枝顶；雄球花圆柱形，花粉无气囊；雌球花卵圆形，淡红色受精后变为淡绿色。球果椭圆至椭圆状卵形，成熟后种鳞与种子同时散落，种子近三角形，有翅。花期为10～11月，雄球花比雌球花花期早10天左右，球果翌年10月成熟。

永和县2007年引入庭院绿化。生长正常。

1 雌球果
2 树干
3 雄球花

2015.08.15摄于县政府机关院

4. 松属 *Pinus* L.

约80余种，分布于北半球。我国22种。永和县引入3种。为重要造林树种之一。

分种检索表

1. 叶鞘宿存，叶内具2条维管束，叶2针一束 .... 1. 油松 *P. tabulaeformis*
1. 叶鞘时落，叶内具1条维管束，叶3或5针一束 2
2. 针叶3针一束 .... 2. 白皮松 *P. bungeana*
2. 针叶5针一束 .... 3. 华山松 *P. armandii*

1. 油松 *Pinus tabulaeformis* Carr.

常绿乔木，高达30米，胸径可达1米。树皮下部灰褐色，裂成不规则鳞块，裂缝及上部树皮红褐色。大枝平展或斜向上，老树平顶；小枝粗壮，黄褐色。冬芽长圆形，芽鳞红褐色。针叶2针一束，暗绿色，较粗硬，长10～15厘米，边缘有细锯齿，两面均有气孔线；叶鞘宿存。雄球花圆柱形，长1.2～1.8厘米，聚生于新枝下部呈穗状。当年生幼球果卵球形，黄褐色或黄绿色，直立。球果卵形或卵圆形，长4～9厘米，有短柄，成熟后黄褐色，在树上宿存数年。种子卵圆形，淡褐色，长6～8毫米，翅长约1厘米。花期4～5月，球果翌年10月成熟。

我国特有树种，产于东北、华北、西北和西南等省区。喜光深根树种。树干挺拔苍劲，树姿雄伟，枝叶繁茂，四季常春，耐风寒。木材富含松脂，耐腐。

1

2

3

4

永和县1959年引入造林，在四十里山、扯布山有人工林万余亩。国营林场55年生油松高15米，胸径40厘米，已是永和县主要造林树种之一。

1 雄球花
2 3 雌球花
4 球果
5 枝叶

5

2015.07.10摄于双锁山

2. 白皮松 *Pinus bungeana* Zucc. ex Endl. 本地名：虎皮松

常绿乔木，高达30米，胸径可达3米。幼树树皮光滑，灰绿色，老则呈淡褐灰色或灰白色。冬芽红褐色，卵圆形，无树脂。针叶3针一束，粗硬，长5～10厘米，叶背及腹面两侧均有气孔线，先端尖，边缘有细锯齿；叶鞘脱落。雄球果卵圆形或圆锥状卵圆形，多聚生于新枝下部，长5～7厘米。种子灰褐色，近卵圆形，翅短。花期4～5月，球果翌年10月成熟。

我国特有树种，产于山西省吕梁山、中条山、太行山。喜光，耐旱，耐干燥瘠薄，抗寒力强。树形多姿，苍翠挺拔，别具特色，是华北地区城市和庭园绿化的优良树种。

永和县沿黄河乡村有上百年的大树，单株高10米，胸径40厘米。现在广泛用于庭院绿化。

1 雄球花
2 雌球花
3 幼球果
4 球果
5 开裂球果

2014.11.12摄于马家湾村

3. 华山松 *Pinus armandii* Franch. 又名：五针松

2015.10.16摄于国营林场

乔木，高达35米。树冠广圆锥形。树皮幼时灰绿色、平滑，老时成灰色，裂成方片固着树上或剥落。冬芽小，圆柱形，栗褐色。叶5针一束，质柔软，边有细锯齿，树脂道3，中生或背面2个边生，腹面1个中生；叶鞘早落。雄球花黄色，卵状圆柱形，多集生于新枝下部;雌球花具梗，顶生。球果圆锥状长卵形，长10～20厘米，幼时绿色，成熟时黄褐色；种鳞肥厚，熟时张开，种子脱落。种子倒卵形，长1～1.5厘米，无翅或近无翅。花期5～6月，球果翌年9～10月成熟。

原产于我国，因集中产于陕西的华山而得名。著名常绿乔木品种之一。喜温凉湿润气候，不耐寒及湿热，稍耐干燥瘠薄。可供建筑、家具及木纤维工业原料等用材。种子可食用也可榨油。

永和县国营林场1964年引入栽培，能正常开花结果。50年生单株高8米，胸径30厘米。

1 开裂球果　2 球果
3 雄球花　4 雌球花

2

3

4

3. 柏科 Cupressaceae

常绿乔木或灌木。叶小，鳞形或刺形，在枝上交叉对生或3～4枚轮生，或在同株树上兼有鳞叶和刺叶，称异型叶，球花单性，雌雄同株或异株，单生于枝顶或叶腋；雄球花具3～8对交叉对生的雄蕊，每雄蕊具2～6花药，花粉无气囊；雌球花有3～16枚交叉对生或3～4枚轮生的珠鳞，每珠鳞腹面有1至多颗直生胚珠，珠鳞与苞鳞完全合生。球果球形，成熟开裂或肉质合生成浆果状，发育种鳞有1至多粒种子；种子周围具窄翅或无翅。

约22属150余种，分布于南北两半球。我国8属29种，分布几遍全国。永和县2属3种。

多为优良的用材及绿化树种。木材具树脂细胞，无树脂管，纹理美观，结构细密，材质好，坚韧耐用，有香气。

分属检索表

1．叶全为鳞形，较小；种鳞木质，熟时张开 ………………………… 1. 侧柏属 *Platycladus*

1．叶刺形、鳞形或同具刺、鳞二叶型；种鳞熟时不张开或球果顶端微张开 ………………………… 2. 圆柏属 *Sabina*

圆柏行道树　2015.11.12摄于阁底至西庄公路

1. 侧柏属 *Platycladus* Spach

仅1种，我国特有，产于东北、华北、西北和西南等省区。

侧 柏 *Platycladus orientalis* (L.) Franco 又名：柏树

常绿乔木，高达20余米，胸径1米。树皮浅灰褐色，纵裂成条片。幼树树冠卵状尖塔形，老树树冠则为广圆形。枝条向上伸展或斜展，生鳞叶的小枝细扁平，排成一平面。鳞形叶先端微钝，小枝中央叶的露出部分呈倒卵状菱形或斜方形，背面中间有条状腺槽，两侧的叶船形，先端微内曲，背部有钝脊，尖头的下方有腺点。雌雄同株，球花单生于小枝顶端；雄球花黄色，3～6对雄蕊，花药2～4；雌球花紫色，有4对珠鳞，中间2对珠鳞各生1～2颗直立胚珠，最下一对珠鳞短小或不显著。花期3～4月，球果10月成熟。

我国应用最普遍的树木之一。喜光，耐干旱瘠薄，耐强太阳光照射，耐高温，耐修剪。寿命长，分布广。

永和县四十里山、扯布山、狗头山有天然次生林，人工栽培遍及全县。在土壤贫瘠、岩石裸露之处，呈小乔木或灌木状。

2015.07.06摄于阁山

1 雌球花　2 雄球花　3 球果　4 开裂球果

2. 圆柏属　*Sabina* Mill.

约50种，分布于北半球。我国15种，广布全国各地。永和县引入1种。

圆柏　*Sabina chinensis* (L.) Ant.　又名：桧柏

常绿乔木或小乔木，高达20米。幼树的枝条通常斜上伸展，形成尖塔形树冠，老则下部大枝平展，形成广圆形的树冠。树皮灰褐色，纵裂，裂成不规则的薄片脱落。小枝通常直或稍成弧状弯曲，生鳞叶的小枝近圆柱形或近四棱形，径1～1.2毫米。叶二型，刺形叶3叶轮生或2叶交互对生，长6～12毫米，上面微凹，有两条白粉带；鳞形叶2叶交互对生，先端钝，背面近中部有微凹的腺体。雌雄异株，球花生于枝顶。球果近圆球形，径6～8毫米，熟时暗褐色，被白粉。种子2～4粒，卵圆形。花期4月，球果翌年10月成熟。

喜光，根深，适应性强，较耐庇荫、耐干旱、耐瘠薄。在酸性、中性、钙质土均能生长。

永和县1994年引入，用于庭院和道路绿化，能正常开花结果。

2014.10.17摄于阁底东征纪念馆

1 球果
2 雌球花
3 雄球花

a. 龙柏（变种）*Sabina chinensis* ‘Kaizuca’

高达8米。树干挺直，树形呈狭圆柱形。小枝密集，扭曲上伸。叶密生，多为鳞叶；幼叶淡黄绿色，老后为翠绿色。球果蓝绿色，果面略具白粉。

喜阳、稍耐阴，喜温暖、湿润环境，抗寒，抗干旱，忌积水。

产于我国长江流域、淮河流域。永和县2012年引入，国家黄河蛇曲地质公园有栽植。生长正常。

龙柏 2014.10.27摄于国家黄河蛇曲地质公园

4. 麻黄科 Ephedraceae

灌木、亚灌木，或草本状。茎直立或匍匐，分枝多。小枝对生或轮生，绿色，圆筒形，具节，节间有多条细纵纹。叶对生或轮生，基部多少合生，通常退化为膜质的鞘。球花单性异株，很少同株；雄球花生于苞腋内，排成近球形或长椭圆形的穗状花序，具2～8对交互对生或2～8轮（每轮3枚）苞片，每苞片内有1雄花，雄球花具膜质假花被，雄蕊2～8枚，花药1～3室；雌球花具2～8对交互对生或2～8轮轮生的（每轮3枚）苞片，仅顶端1～3苞片内面有雌球花，雌球花具顶端开口的囊状假花被并包裹1胚珠，胚珠有1层珠被，珠被上部延长成珠被管，伸出假花被管口外；花后苞片增厚成肉质，红色，假花被发育成革质假种皮。种子1～3粒。

仅1属40余种，分布于亚洲、美洲、欧洲东南部及非洲北部的干旱荒漠及草原地带。我国12种，除长江下游及珠江流域各省区外，其他省区皆有分布。永和县1种。

麻黄属 *Ephedra* Tourn. ex L.

形态特征，分布同科。

2015.04.30摄于长耳庄村

木贼麻黄 *Ephedra equisetina* Bunge.

直立小灌木，高达1米。木质茎粗长，直立，基部径达1～2厘米，中部茎枝一般径3～4毫米；小枝细，节间较短，多为1.5～2.5厘米，纵槽纹细浅不明显，常被白粉呈黄绿色或灰绿色。叶2裂，褐色，大部合生，上部约1/4分离，裂片短三角形，先端钝。雄球花单生或3～4个集生于节上，无梗或有短梗；雌球花常2个对生于节上，有短梗，成熟时肉质红色。种子通常1粒，窄长卵圆形，长约7毫米。花期6～7月，种子8～9月成熟。

产于河北、山西、内蒙古、陕西西部、甘肃及新疆等省区。

永和县四十里山、扯布山、狗头山有零星分布。主要生长于干旱瘠薄的山脊、山顶及岩壁等处。芝河镇高家山村有株高1米，地径达10厘米的老树。

1 雌球花
2 树根
3 高家山老树
4 楼山植株

5. 杨柳科 Salicaceae

落叶乔木或灌木。单叶互生，稀对生，全缘、锯齿缘或齿牙缘，有托叶，常早落，稀无。气孔器平列型。花单性，雌雄异株，偶有例外；花常先叶开放；无花被，单生于苞片腋内，排成下垂或直立的柔荑花序；有腺体或花盘，稀退化；雄蕊2至多数，雌花子房上位；胚珠多数，倒生。蒴果。种子基部围有白色丝状长毛。

3属540余种，主要分布于北温带和亚热带，少数种分布到热带和南半球地区。我国3属320余种，南北各地均有分布。永和县2属18种。

本科植物根系发达、喜光、适应性强、生长快，是营造速生用材林、防护林、行道树和园林绿化的重要树种。

分属检索表

1. 枝有顶芽，芽具数鳞片；柔荑花序下垂，苞片先端撕裂状，花盘多斜杯状……………………1. 杨属 *Populus*
1. 枝无顶芽，芽具1鳞片；柔荑花序通常直立，苞片先端不裂，花盘缺……………………………2. 柳属 *Salix*

山杨林 2015.07.03摄于后神沟

1. 杨属 *Populus* L.

乔木，髓心五角状。单叶互生，多为卵圆形、卵圆状披针形或三角状卵形。雌雄异株，柔荑花序下垂；花先叶开放，无花被，有杯状花盘，雄蕊常多数。蒴果，种子小，具白色绵毛。在落叶前树叶变黄。

约100多种，分布于北温带。我国自生的约59种。永和县11种，其中自然分布2种，引入9种。

分种检索表

1. 彩叶树种，叶柄、叶脉和新梢始终红色 ……………… 10. 中华红叶杨 *P. deltoides* 'Zhonghua hongye'
1. 非彩叶树种 ……………… 2
2. 叶缘具裂片、缺刻、波状齿、粗锯齿或全缘 ……………… 3
2. 叶缘具整齐锯齿 ……………… 6
3. 叶缘具裂片或缺刻，叶长与宽明显不等 ……………… 4
3. 叶缘具波状齿，叶近圆形，长与宽近等 ……………… 4. 山杨 *P. davidiana*
4. 叶缘具裂片，或为3~5掌状裂 ……………… 1. 新疆杨 *P. alba* var. *pyramidalis*
4. 叶缘不具裂片，为波状齿或不规则缺刻 ……………… 5
5. 叶柄先端常有2腺体，长枝叶下面密被灰色毡毛 ……………… 3. 毛白杨 *P. tomentosa*
5. 叶柄先端无腺体，长枝叶下面被绒毛 ……………… 2. 河北杨 *P. hopeiensis*
6. 叶缘无半透明的狭边；叶菱状卵形、菱状椭圆形或菱状倒卵形 ……………… 5. 小叶杨 *P. simonii*
6. 叶缘有半透明的狭边 ……………… 7
7. 短枝叶卵形、菱状卵形，稀三角形，叶柄先端无腺体 ……………… 8
7. 短枝叶三角形或三角状卵形，叶柄先端常具腺体，稀无腺体 ……………… 9. 加拿大杨 *P.* × *canadensis*
8. 小枝灰绿色或呈红色；长枝叶宽卵圆形或三角状宽卵圆形，短枝叶卵形 ……………… 6. 北京杨 *P. beijingensis*
8. 小枝淡黄色；长、短枝叶同形或异形，短枝叶菱形状卵圆形或菱形、菱状三角形 ……………… 9
9. 长、短枝叶宽大于长，短枝叶基部宽楔形至近圆形；树皮暗灰褐色或黑褐色，粗糙 ……………… 7. 钻天杨 *P. nigra* var. *italica*
9. 长枝叶长、宽近等，短枝叶基部楔形；树皮灰白色，光滑 ……………… 8. 箭杆杨 *P. nigra* var. *thevestina*

河北杨 2016.04.16摄于土罗村

1. 新疆杨 *Populus alba* var. *pyramidalis* Bge.

落叶乔木，15～30米。树冠窄圆柱形或尖塔形。树皮为灰白或青灰色，光滑少裂。萌条和长枝叶掌状深裂，基部平截，下面有毛；短枝叶圆形，有粗缺齿，侧齿几对称，基部平截，下面绿色几无毛；叶柄侧扁或近圆柱形，被白绒毛。雄花序长3～5厘米，有小花多数，花药紫红色；雌花序长5～10厘米，雌蕊具短柄，有淡黄色长裂片。蒴果细圆锥形，无毛。花期3～4月，果期5月。

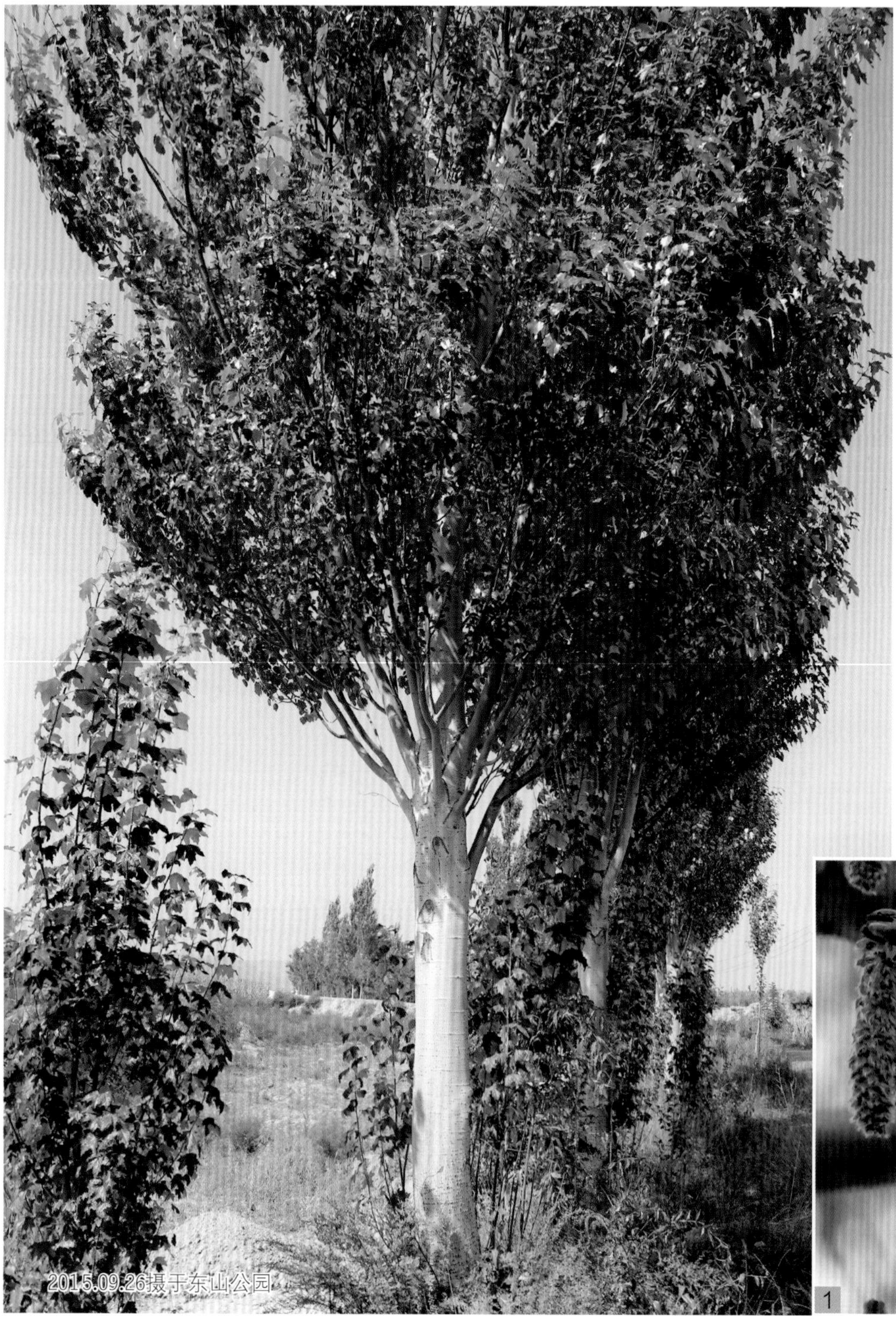
2015.09.26摄于东山公园

新疆杨是银白杨在我国南疆盆地的变种。主要分布于中亚、西亚、欧洲巴尔干地区以及我国北方。树型及叶形优美，是城市绿化和道路绿化的好树种。

永和县1975年引入四旁绿化，各乡村均有栽植，生长良好。官庄村有高14米，胸径60厘米的大树。

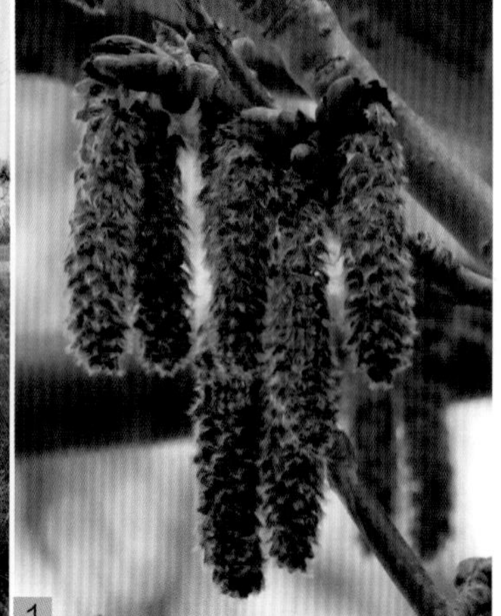

1 花序

2. 河北杨 *Populus hopeiensis* Hu et Chow 又名：串杨

落叶乔木，高达25米。树冠圆大。树皮浅灰绿色至灰白色，光滑。小枝圆柱形，灰褐色，无毛。冬芽卵形，被柔毛。叶卵形或近圆形，长3～8厘米，宽2～7厘米，先端尖，基部截形或圆形，边缘有波状粗齿，齿端内曲，上面暗绿色，下面灰绿色，发叶时下面被绒毛；叶柄侧扁，纤细光滑。雄花序长5～8厘米，花序轴被密毛，苞片褐色，掌状分裂，裂片边缘具白色长毛；雌花序长3～5厘米，序轴被长毛，苞片赤褐色，边缘有长白毛。蒴果长卵形，有短柄。花期3～4月，果期5～6月。

我国特产，分布于华北、西北各地。为山杨和毛白杨的天然杂交种，且常出现复交情况。因此树形、树皮及叶形变化很大，有时近似山杨，有时近似毛白杨。

永和县扯布山阴坡有片状分布，多生长在海拔1200米以下。在海拔800米左右的地方，单株可成大树。

1 花 2 果 3 叶

3. 毛白杨 *Populus tomentosa* Carr.

落叶大乔木，高达30米。树皮幼时灰绿色，渐变为灰白色，老时基部黑灰色，纵裂，粗糙，皮孔扁菱形散生或横向连生。树冠圆锥形至卵圆形或圆形。小枝初被灰毡毛，后光滑。冬芽卵形或卵状锥形，花芽卵圆形或近球形。长枝叶阔卵形或三角状卵形，长达15厘米，宽8～13厘米，先端渐尖，基部心形或截形，下面密生灰色毡毛，后渐脱落；叶柄上部侧扁，顶端通常有2腺点；短枝叶较小，长3.5～12厘米，卵形或三角状卵形，先端渐尖，下面光滑，无毛；叶柄稍短于叶片，侧扁，先端无腺点。雄花序长10～18厘米，雄蕊6～12，红色；雌花序长7～9厘米，花多数，柱头2裂，粉红色。果序长10～20厘米；蒴果圆锥形或卵形，2瓣裂。花期3～4月，果期4～5月。

原产于我国黄河流域中下游。主根和侧根发达，枝叶茂密，深根性，生长快，寿命长，材质好，树干通直挺拔，能成大材，广泛应用于城乡四旁绿化。永和县坡头乡岔口村有栽植，生长良好。

1 树干 2 果序 3 花序

1

2

3

4. 山杨　*Populus davidiana* Dode　本地名：红心杨

落叶乔木，高达25米。树冠圆形。树皮灰绿色，光滑，老树基部黑色、粗糙。小枝圆筒形，光滑，赤褐色，萌蘖枝被柔毛。花芽卵形或卵圆形，叶芽圆锥形。叶三角状卵圆形或近圆形，长宽近等，长3～6厘米，先端尖或钝尖，基部圆形、截形或浅心形，边缘有密波状浅齿；叶柄侧扁，长4～6厘米。雄花序长5～7厘米，雄蕊5～12，花药紫红色；雌花序长3～5厘米，柱头红色。果序长8～10厘米；蒴果有短柄，2裂。花期3～4月，果期4～5月。

我国东北、华北、西北及西南均有分布。

永和县四十里山，海拔1200米以上的阴坡有片状纯林分布。

1 林相（春）
2 叶
3 花
4 林相（夏）
5 果

5. 小叶杨 *Populus simonii* Carr.

落叶乔木，高达20米。树皮灰绿色，老时暗灰色，沟裂。小枝有明显棱脊，无毛。冬芽细长渐尖，有黏质。叶菱状卵形、菱状椭圆形或菱状倒卵形，长4～12厘米，宽2～8厘米，先端突急尖或渐尖，基部楔形、宽楔形或窄圆形，缘具小钝锯齿，上面淡绿色，下面灰绿或微白，无毛；叶柄圆筒形，黄绿色或带红色。雄花序长2～7厘米，苞片暗紫色，雄蕊8～28；雌花序长2.5～6厘米，苞片淡绿色，裂片褐色，柱头2裂。果序长达15厘米；蒴果椭圆形，2（3）瓣裂，无毛。花期3～5月，果期4～6月。

我国原产树种，东北、华北、华中、西北及西南各省区均产。

永和县交道沟村有零星栽植，扯布山沟道有野生。

1 树干　2 花　3 果　4 叶

2015.05.30摄于交道沟村

1

2

3

4

6. 北京杨 *Populus beijingensis* W. Y. Hsu

落叶乔木，高25米。树冠卵形或广卵形。树干通直，树皮灰绿色，光滑；皮孔圆形或长椭圆形，横行排列。嫩枝稍带绿色或呈红色，无棱。芽细圆锥形，先端外曲，淡褐色或暗红色，具黏质。长枝或萌枝叶，宽卵圆形或三角状宽卵圆形，先端短渐尖或渐尖，基部心形或圆形，边缘具锯齿；短枝叶卵形，先端渐尖或长渐尖，基部圆形或广楔形至楔形，边缘有锯齿，上面亮绿色，下面青白色；叶柄侧扁，长2～4.5厘米。雄花序长4～5.5厘米，雌花序8～10厘米。果序8～10厘米。蒴果椭圆形或圆形，黄绿色。花期4月，果期5月。

我国特有种。永和县国有林场有栽培。在水肥较好的立地条件下生长较快，随着绿化树种的更新，现在无新树栽植。

1 叶　2 花　3 树干

1

2

3

7. 钻天杨 *Populus nigra* var. *italica* (Moench) Koehne

落叶乔木，高30米。树皮暗灰色，老时沟裂，黑褐色。树冠圆柱形。侧枝成20～30度角开展，小枝圆形，光滑，黄褐色或淡黄褐色，嫩枝有时疏生短柔毛。长枝叶三角形，通常宽大于长，先端短渐尖，基部截形，边缘钝圆锯齿；短枝叶三角状卵形，先端渐尖，基部阔楔形或近圆形；叶柄上部微扁，顶端无腺点。雄花序长5～6厘米，开时红色，成熟后变黄色；雌花序长10～15厘米，黄绿色。果序长5～10厘米，蒴果倒卵形。花期4～5月，果期6月。

原产意大利。我国长江、黄河流域各地广为栽培。喜光，耐寒、耐干冷气候，抗病虫害能力较差。生长寿命不长。

永和县坡头乡有栽植，前期生长较快，后期生长慢，现在无新树栽植。

1 树干
2 雌花穗
3 果穗

8. 箭杆杨 *Populus nigra* var. *thevestina* (Dode) Bean

落叶乔木，高30米。树皮灰白色，较光滑。枝向上直立，树冠窄圆柱形；小枝无毛，圆形。叶互生，三角形卵形或近菱形，基部圆形或阔楔形，先端急尖，边缘具钝齿，表面深绿色，背面浅绿，无毛。花期4月，果期5月。

原产欧洲。在我国西北地区，常作公路行道树、农田防护林及四旁绿化树种。喜光，耐寒，抗旱，稍耐盐碱。

永和县坡头村有零星栽植，随着绿化树种的更新，现在无新树栽植。

1 果枝
2 花枝
3 树干

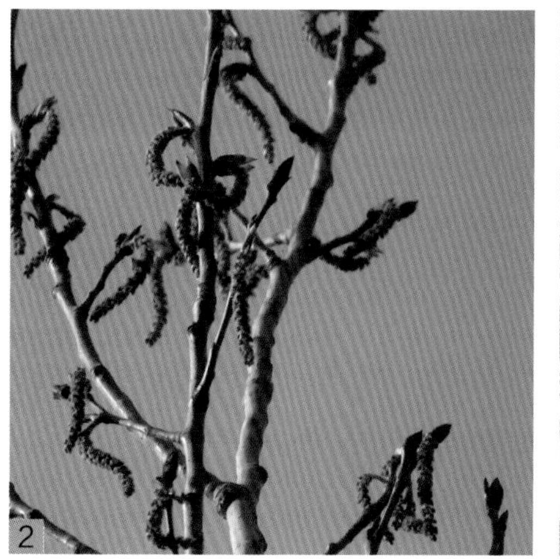

9. 加拿大杨 *Populus* × *canadensis* Moench 又名：加杨

落叶乔木，高达30米。树冠呈卵圆形。树皮灰褐色，粗糙，纵裂。小枝黄棕色，圆柱形，有棱线。冬芽圆锥形，叶芽长圆锥形。叶近正三角形，长、宽7～10厘米，一般长大于宽，先端渐尖，基部截形或宽楔形，有圆锯齿，上面绿色，光滑、无毛；叶柄侧扁而长，带红色。雄花序长7～11厘米，苞片淡棕黄色；雌花序长3～5厘米，绿色。果序长8～12厘米，蒴果卵圆形，2～3瓣裂。雄株多，雌株少。花期4月，果期5月。

系美洲黑杨与欧洲黑杨之杂交种。广植于欧、亚、美各洲。19世纪中叶引入我国，以华北、东北及长江流域最多。喜光，耐寒，对水涝、盐碱和瘠薄土地均有一定耐性。

永和县原有零星引种栽培，较速生，能成大材，现在无新树栽植。

2

1

3

1 树干
2 花序
3 花序芽

9a. 沙兰杨 *Populus euramericana* (Dode) Guinier 'Sacrau 79'

落叶乔木，高30米。树干高大微弯，树冠呈圆锥形或长卵形，侧枝轮生，枝层明显。树皮灰白或灰褐色，基部浅裂，裂纹宽而浅；皮孔菱形，散生。芽三角状圆锥形，先端弯，具赤褐色点状黏液。短枝叶三角形，先端渐尖，基部截形或阔楔形；长枝叶大三角形，先端短尖、基部截形。只有雌株，雌花序长3~5厘米，小花多数，子房黄褐色，柱头褐色，2裂。果序长10~12厘米，蒴果卵圆形，长达1厘米。种子灰白色，纺锤形。花期4月，果期5月。

本品种是美洲黑杨（***P.deltoides***）与黑杨（***P.nigra***）杂交无性系的栽培品种，起源于欧洲。1954年从德国引入我国。

永和县2007年引入栽植，适应性较强。在土层深厚、肥沃、湿润的条件下速生，是该县乡村主栽杨树之一。

1 花枝　2 果　3 树干

10. 中华红叶杨 *Populus deltoides* 'Zhonghua hongye' 又名：变色杨

落叶乔木。叶柄、叶脉和新梢始终为红色。叶片大而厚，叶面颜色三季四变，一般正常年份，在3月20日前后展叶，叶片呈玫瑰红色，可持续到6月下旬，7～9月变为紫绿色，10月为暗绿色，11月变为杏黄或金黄色。树干7月底以前为紫红色。色泽亮丽诱人，观赏价值颇高。

永和县2007年引入道路绿化，生长正常。

2016.05.11摄于交口至阁底路旁

1

1 叶　2 树干

2

2. 柳属 *Salix* L.

落叶乔木或灌木。枝圆柱形，髓心近圆形。叶互生，稀对生，多为披针形，羽状脉，有锯齿或全缘；叶柄短。柔荑花序直立或斜展，先叶开放或与叶同时开放，稀后叶开放；雄蕊2至多数，花丝离生或合生；腺体1～2；雌蕊由2心皮组成，柱头1～2。蒴果2瓣裂。种子小，多暗褐色。

约500种，主产于北半球的温带地区。我国约200种，各省均产。永和县7种。

古旱柳 2016.05.13摄于贺家庄

分种检索表

1. 叶卵状披针形或卵状椭圆形，长不超过宽的4倍，叶有毛，稀无毛……3. 崖柳 *S. floderusii*
1. 叶披针形、条状披针形至条形，长大于宽的4倍以上……2
2. 乔木……3
2. 灌木或小乔木……4
3. 小枝直立或斜展；叶通常近中部最宽，基部近圆形……1. 旱柳 *S. matsudana*
3. 小枝下垂；叶通常中下部最宽，基部楔形……2. 垂柳 *S. babylonica*
4. 叶两面或至少叶脉有毛，叶互生，条形或条状倒披针形，边缘疏生腺齿……4. 乌柳 *S. cheilophila*
4. 叶两面无毛，叶对生或斜对生，倒披针形或披针形；花药黄色或淡红色……5. 红皮柳 *S. sinopurpurea*

1. 旱柳 *Salix matsudana* Koidz. 又名：柳树

落叶乔木，高20米。大枝斜上，树冠广圆形。树皮暗灰黑色，有裂沟。枝直立或斜展，小枝黄绿色后变为棕褐色。叶披针形，长4～9厘米，宽6～12毫米，先端长渐尖，基部窄圆形或圆形，上面绿色，下面灰白色，缘具腺状尖锯齿；叶柄长2～5毫米，被长柔毛。花序与叶同时开放；雄花序长1.5～3厘米，序轴有绒毛；苞片卵形，黄绿色；雄蕊2，花丝基部离生，有毛；腺体2。雌花序长1～2厘米，有3～5小叶生于短花序梗上，轴有柔毛；子房近无柄，无毛，花柱短或无，柱头近2裂；腺体2。果序长达2～2.5厘米。花期3～4月，果期4～5月。

分布于我国东北、华北平原、西北黄土高原。朝鲜、日本、俄罗斯远东地区也有分布。

永和县栽柳历史较久，乡村均有分布。沟湿地、旱地皆能生长，以湿润而排水良好的沟底生长较快。芝河镇贺家庄村有胸径3米的古树。

1 柳絮 2 雄花 3 果 4 叶

1a. 龙爪柳 *Salix matsudana* f. *tortuosa* (Vilm.) Rehd.

与旱柳的主要区别为枝扭曲。永和县多栽培于庭院和公园。现在无新树栽植。

1 枝、叶

1b. 漳河柳 *Salix matsudana* f. *lobato-glandulosa* C. F. Fang et W. D. Liu

与原变型的区别为雄花腹腺常2～3裂，苞片背面毛较多，主干明显。永和县用于行道树栽培。

2. 垂柳 *Salix babylonica* L.

落叶乔木，高达15米。树皮灰黑色，纵裂。枝细，下垂，有光泽，淡褐黄色、淡褐色或带紫色。叶狭披针形或条状披针形，长7～16厘米，宽0.5～1.5厘米，先端长渐尖，基部楔形，上面绿色，下面灰绿色，两面无毛，缘具细锯齿；叶柄长4～12毫米，有短柔毛。雄花序长1.5～3厘米，轴有毛；雄蕊2，花丝与苞片近等长，花药红黄色；苞片披针形，有毛；腺体2；雌花序长达2～3厘米，有梗，基部有3～4小叶，轴有毛；苞片狭披针形，外面有毛，与子房等长；子房椭圆形，无毛或下部稍有毛，无柄，花柱短，柱头2～4深裂；腺体1。蒴果长3～4毫米，绿黄褐色。花期3～4月，果期4～5月。

主产于我国长江流域与黄河流域。喜光，较耐寒，特耐水湿。萌芽力强，根系发达，生长迅速，但树干易老化。

永和县城区有栽植，生长良好。

1 花枝　2 树干

3. 崖柳 *Salix floderusii* Nakai 本地名：大叶柳

落叶小乔木或灌木，高6米。小枝较粗，绿色，幼枝有白柔毛，老枝无毛。冬芽淡红或淡褐色，有毛。叶革质，卵状长椭圆形或卵状披针形，长1.5～8.5厘米，宽0.6～4.5厘米，基部宽楔形，先端钝尖，全缘或稍有锯齿，表面绿色，光滑，下面淡绿色有白绒毛或绢毛；叶柄长5～8毫米，有毛。柔荑花序先叶开放或与叶近同时开放，花序梗有短柔毛，基部有小叶；苞片卵状披针形，暗红色，有毛；雄花序长1～3厘米，短柱形，雄蕊2，离生；雌花序长1～2厘米，花序轴有柔毛，子房卵状圆锥形，具长柄，有长柔毛，花柱短，柱头2裂，腺腺1。果序长达6厘米，蒴果卵状圆锥形，有绢毛。花期4月，果期5月。

产于黑龙江、吉林、辽宁、内蒙古、河北北部及山西等地。永和县四十里山、扯布山、狗头山沟道有野生，主要分布在阴坡和沟道。

1 果枝　2 树干　3 叶　4 果絮　5 花枝

4. 乌柳 *Salix cheilophila* Schneid. 本地名：细叶柳

落叶灌木或小乔木，高达6米。枝初被绒毛或柔毛，后无毛，灰黑色或黑红色。芽具柔毛。叶互生，线形或线状倒披针形，长2.5～5厘米，宽3～5毫米，先端渐尖或具短硬尖，基部渐尖，上面灰绿色疏被柔毛，下面灰色，密被绢状柔毛，中脉突起，边缘外卷，上部具腺锯齿，下部全缘；叶柄长1～3毫米，具柔毛。花、叶同时开放，近无梗，基部具2～3小叶；雄花序长1.5～2厘米，花密集，雄蕊2，花丝合生，无毛，花药黄色；雌花序长1.3～2厘米，花密集，花序轴具柔毛；子房密被短毛，无柄，花柱短或无，柱头2裂。蒴果长3毫米，有毛。花期4～5月，果期5月。

分布于河北、山西、陕西、宁夏、甘肃、青海、河南、四川、云南、西藏东部。

永和县四十里山、扯布山沟底有分布，生长旺盛，树高达4米以上。

1 雄花　2 果　3 枝叶

1

2

3

2016.04.28摄于扯布山沟底

5. 红皮柳 *Salix sinopurpurea* C. Wang et Ch. Y. Yang 本地名：毛柳

落叶灌木，高3～5米。小枝淡绿或淡黄色，无毛；当年枝初有短绒毛，后无毛。芽长卵形或长圆形，棕褐色，初有毛，后无毛。叶对生或斜对生，披针形，长5～10厘米，宽1～1.2厘米；萌条叶长至11厘米，宽2～3厘米，先端短渐尖，基部楔形，边缘有腺锯齿，上面绿色，下面淡绿色或灰白色，成叶两面无毛；叶柄长3～10毫米，有绒毛；托叶卵状披针形或斜卵形，几等于叶柄长，边缘有凹缺腺齿，下面苍白色。花先叶开放，花序圆柱形，长2～3厘米，对生或互生，无花序梗，基部具2～3枚下面密被长毛的椭圆形鳞片；苞片卵形，先端钝或微尖，黑褐色，两面有长柔毛，腺腺1；雄蕊2，花丝纤细合生，无毛，花药4室，圆形，黄色或淡红色；雌花序长2～3厘米，子房卵形，密被灰绒毛，柄短，花柱不明显，柱头头状或2～3裂。蒴果无柄，有毛。花期3～4月，果期5月。

我国特有植物，分布在河北、湖北、甘肃、河南、陕西、山西等地。枝条坚韧，可供编织柳条箱、簸箕等。

永和县四十里山、扯布山、狗头山沟道有分布，生长良好。

1

2

3

1 果絮 2 雄花 3 叶

6. 胡桃科 Juglandaceae

落叶或半常绿或常绿乔木。羽状复叶，无托叶。花单性，雌雄同株；雄花序常为柔荑状，单生或数条成束生；雌花序穗状或稀柔荑状；雄花生于1枚不分裂或3裂的苞片腋内，通常具2小苞片或1～4枚花被片，雄蕊3至多枚插生在花托上；雌花具2小苞片和2～4枚花被片贴生于子房，子房由2心皮合生。果实为假核果或坚果。种子具1层膜质种皮，无胚乳。

8属60余种，主要分布于北半球。我国7属25种，分布在全国各地。永和县1属1种。

胡桃属 *Juglans* L.

约15种，我国有4种，产西南部至东北部。永和县1种。

核 桃 *Juglans regia* L. 又名：胡桃

落叶乔木，一般树高10～20米，主干直径1米左右。树冠大而开张，呈半圆形或圆头形，直径达6～9米。树皮灰白色到黑褐色，幼树树皮光滑，老树有不规则浅纵裂。枝条粗壮、光滑；嫩枝初生时绿色或略呈红色，停长后变为亮灰色或灰褐色，具白色皮孔。一年生枝髓部较大，以后随树龄增加，髓部变小。叶为奇数羽状复叶，互生，长30～40厘米，复叶柄为圆形，基部肥大有腺点，脱落后叶痕大，呈三角形；小叶5～9片，长

核桃林 2016.05.24摄于四十里山

1 雌花　2 雌雄花序
3 果　　4 叶

圆形、倒卵形或广椭圆形，具短柄，先端微突尖，全缘或具微锯齿。雌雄同株异花、异熟，雄花序下垂，长8～12厘米，有花100朵以上，花药成熟时为杏黄色；雌花1～3朵集生枝顶，花柱羽状2裂反曲，黄绿色或粉红色，子房外面密生细柔毛，下位。果实圆形或长圆形，外果皮绿色，有黄白色斑点；中果皮肉质；内果皮骨质表面具刻沟或皱纹。种仁呈脑状，浅黄色或黄褐色。花期4月，果期9月。

分布于中亚、西亚、南亚和欧洲。我国华北、西北、西南、华中、华南和华东，新疆南部均产。喜光，耐寒，抗旱、抗病，适应性强，管理省工，寿命长。果实储运方便，果仁含有丰富的营养素。是国内外广泛栽培的干果树种。

永和县栽培广泛，现有核桃林面积18万亩，约300余万株，年产核桃300余万千克。主栽品种有：辽核系、晋龙系、秦香等。栽培在海拔800米以下的，阳坡生长不良；栽培在海拔1000米左右的，树势中庸，较丰产；栽培在海拔1200米以上的，阴坡易抽梢。核桃栽培的主要自然灾害是晚霜冻，能造成当年绝产，在选择品种时一定要抗冻。

7. 桦木科 Betulaceae

落叶乔木或灌木。单叶互生，具重锯齿或缺刻，叶脉羽状；托叶早落。花单性，雌雄同株；雄花序为柔荑花序顶生或侧生，雄蕊5～20枚生于苞鳞内，花丝短，花药2室，花粉粒扁球形，具3或4～5孔，外壁光滑；雌花序为球果状、穗状、总状或头状，直立或下垂，具多数苞鳞（果时称果苞），每苞鳞内有雌花2～3朵，花柱2枚，分离，宿存。果序球果状、穗状、总状或头状；果苞由苞片和小苞片在发育过程中不同程度连合而成。果为小坚果或坚果，子叶扁平或肉质，无胚乳。

6属100余种，分布于北半球的温带和寒带。我国有6属70余种，各地均有分布。永和县1属1种。

虎榛子属 *Ostryopsis* Decne.

我国特有属，2种，主要分布于北方及西南。永和县1种。

虎榛子 *Ostryopsis davidiana* Decne. 本地名：模子梢

落叶灌木，高1～3米。枝条灰褐色，无毛，密生皮孔；小枝具条棱，密被短柔毛，疏生皮孔。芽卵状，具

数枚覆瓦状排列的芽鳞。单叶互生，卵形或椭圆状卵形，长2～6.5厘米，宽1.5～4厘米，顶端渐尖或锐尖，基部心形、斜心形或近圆形，边缘具重锯齿及不明显浅裂，上面绿色，下面淡绿色，侧脉7～9对，脉腋间具簇生的髯毛；叶柄密被短柔毛。雄花序单生于小枝的叶腋；雌花序生于当年生枝顶，花柱紫色，2裂，向外反曲。果4至多枚排成总状，生于当年枝顶端；果苞纸质，绿色带紫红色，成熟后一侧开裂；小坚果宽卵圆形或近球形，褐色，具细肋纹。花期4～5月，果期8月。

产于辽宁西部、内蒙古、河北、山西、陕西、甘肃及四川北部。为黄土高原的优势灌木。

永和县四十里山、扯布山、狗头山阴坡有大面积分布，在海拔1000米以上阴坡生长茂密。常为山杏、华北紫丁香、水栒子、陕西荚蒾、金银忍冬、牛奶子、秦晋锦鸡儿等林下伴生植物。

1 幼果枝
2 果枝
3 雌、雄花

8. 壳斗科 Fagaceae

常绿或落叶乔木，稀灌木。单叶互生，羽状叶脉，托叶早落。花单性，雌雄同株，无花瓣，花被4～7裂；雄花成柔荑花序，花序直立或下垂，整穗脱落；雌花稀单生或2～3（5）朵簇生于总苞内，子房下位，2～6室，每室胚珠2颗，仅1颗胚珠发育成种子，花柱与子房室同数，宿存。坚果单生或2～3个生于总苞内，成熟总苞呈杯状或囊状，称为壳斗。壳斗半包或全包坚果，外有鳞片、针刺或小突起状。种子无胚乳，子叶大，肉质。

8属900余种，广泛分布于南、北两半球，主产亚洲。我国7属300余种，主产南部及西南。永和县1属1种。

栎属 *Quercus* L.

约450种，分布于北温带和热带高山上。我国约110种，南北各省均产之，为重要林木之一。永和县1种。

辽东栎 *Quercus liaotungensis* Koidz.

落叶乔木，高达15米。树皮灰褐色，纵裂。幼枝绿色，无毛，老时灰绿色。叶片倒卵形至长倒卵形，长

2015.10.18摄于川口村

5～17厘米，宽2～10厘米，顶端圆钝或短渐尖，基部圆形或耳形，叶缘有5～7对圆齿，叶面绿色，背面淡绿色，幼时沿脉有毛，老时无毛，侧脉每边5～10 条；叶柄长2～5毫米，无毛。雄花序生于新枝基部，长5～7厘米，花被6～7裂，雄蕊通常8；雌花序生于新枝上端叶腋，长0.5～2厘米，花被6裂。壳斗浅杯形，包着坚果约1/3，直径1.2～1.5厘米，高约8毫米；苞片卵形，长1.5毫米，扁平。坚果卵形至长卵形，直径1～1.3厘米，高1.5～1.9厘米，果脐微突起，顶端有短绒毛。花期4～5月，果期9月。

产于黑龙江、吉林、辽宁、内蒙古、河北、山西、陕西、宁夏、甘肃、青海、山东、河南、四川等省区。在华北地区常生于海拔600～1900米的山地。

永和县川口村在海拔1000米的坡地上有野生，并与刺槐、河北杨混生，树高6米以上，能正常开花结果。

1 叶　2 秋叶　3 幼果　4 雄花枝

9. 榆科 Ulmaceae

落叶灌木或乔木。单叶互生，2列，羽状脉，有锯齿；托叶常早落。花两性或单性，簇生，或雌花单生，无花瓣；萼片4～8，常宿存；雄蕊与萼片同数且与之对生，稀2倍，花丝劲直；子房上位，1～2室，有悬垂的胚珠1颗；花柱2裂呈羽毛状。果为翅果、坚果或核果。

约15属200余种，分布于热带和温带地区。我国有8属58种，南北均产之。永和县有3属7种。除为庭园的观赏树外，多为用材树种。

分属检索表

1. 羽状脉，侧脉7对以上；冬芽先端不贴近小枝……………………………………2
1. 三出脉，侧脉6对以下；冬芽先端贴近小枝……………………………………3. 朴属 *Celtis*
2. 枝无刺；果周围有翅……………………………………1. 榆属 *Ulmus*
2. 枝有刺；果上半部有歪斜翅……………………………………2. 刺榆属 *Hemiptelea*

1. 榆属 *Ulmus* L.

40余种，产北半球。我国有20余种，分布遍及全国。永和县5种。

分种检索表

1. 叶缘单锯齿或间有重锯齿……………………………………2
1. 叶缘重锯齿……………………………………3
2. 花先叶开放，簇生于去年枝叶腋；翅果长1～2厘米……………………………………1. 白榆 *U. pumila*
2. 花与叶同时开放，簇生于当年枝基部的叶腋；翅果长1．5～2．5厘米……………………2. 旱榆 *U. glaucescens*
3. 种子位于翅果中部，翅果中部和边缘均有毛或仅边缘有毛……………………3. 大果榆 *U. macrocarpa*
3. 种子位于翅果上部，仅翅果中部有毛；叶倒卵形或椭圆状卵形……………4. 春榆 *U. davidiana* var. *japonica*

1. 白榆 *Ulmus pumila* L.

落叶乔木，高达25米，胸径1米。幼树树皮平滑，灰色，大树之皮暗灰色，纵裂。小枝灰色，有散生皮孔。叶椭圆状卵形、长卵形、椭圆状披针形或卵状披针形，长2～8厘米，先端渐尖，基部稍偏斜或近对称，叶面平滑无毛，叶背幼时有短柔毛，后变无毛或部分脉腋有簇生毛，边缘具重锯齿或单锯齿，侧脉每边9～16条；叶柄长2～6毫米。花先叶开放，簇生聚伞花序。翅果近圆形或倒卵状圆形，长1～2厘米。果核位于翅果的中部或稍上，初淡绿色，后白黄色。花期3～4月，果期4～5月。

分布于我国东北、华北、西北及西南各省区，朝鲜、俄罗斯、蒙古也有分布。喜光，耐旱，耐寒，耐瘠薄，不择土壤，适应性很强。根系发达，萌芽力强，耐修剪。生长快，寿命长。

永和县乡村均有分布，以自然繁殖为主，在土壤肥沃地方生长较快。

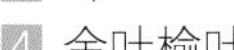

1 花枝
2 果枝
3 叶
4 金叶榆叶

1a. 金叶榆（变种）

Ulmus pumila 'Jinye'

系白榆变种。叶片金黄色，有自然光泽，色泽艳丽；叶脉清晰，质感好；叶卵圆形，平均长3~5cm，宽2~3cm，比普通白榆叶片稍短；叶缘具锯齿，叶尖渐尖，互生。

永和县2013年引入庭院和道路绿化。枝条萌生力很强，枝条比普通白榆更密集，易造型。

2015.10.01摄于葛家河村

1

2

3

金叶榆　2016.05.18摄于交口至南楼路旁

4

. 旱榆 *Ulmus glaucescens* Franch. 本地名：石榆

小乔木或灌木，高3～6米。树皮暗灰色。一年生枝红褐色，被疏毛，二年生枝淡灰黄色，常具纵横裂纹。叶卵形至椭圆状披针形，长2.5～5厘米，宽1～2.5厘米，先端渐尖或骤尖，基部圆形或宽楔形，边缘有钝锯齿，两面无毛；叶柄长5～8毫米。花与叶同时开放，簇生于当年生枝的基部叶腋；花萼钟形，先端4浅裂。翅果宽椭圆形至倒卵形，长1.5～2.5厘米，无毛。种子位于翅果的近中部，柄长2～3毫米。花果期3～5月。

分布于我国辽宁、河北、山东、河南、山西、内蒙古、陕西、甘肃及宁夏等省区。

永和县全境有分布。耐干旱，耐寒冷，生于海拔700～1400米土石山区或地埂。木材坚硬，可制农具、家具。

1 叶 2 花 3 果

3. 大果榆 *Ulmus macrocarpa* Hance 本地名：扁枝榆

落叶乔木或灌木。树皮暗灰色或灰黑色，纵裂，粗糙。枝具对生而扁平的木栓翅；幼枝有疏毛，淡褐黄色或淡黄褐色，后渐脱落无毛，具散生皮孔。叶宽倒卵形或椭圆形，长4～10厘米，宽2～6厘米，先端突尖，基部偏斜楔形，叶面密生硬毛或有凸起的毛迹，叶背有疏毛，脉上较密，侧脉每边6～16条，叶缘具大而浅钝的重锯齿，或兼有单锯齿；叶柄长2～10毫米，被短柔毛。花5～9朵簇生于叶腋。翅果宽倒卵形或近圆形，长2.5～3.5厘米，两面及边缘有毛，基部突窄成细柄，顶端凹或圆。果核位于翅果中部。花期4～5月，果期5～6月。

分布于我国东北、华北、西北、华东等地。喜光，耐寒，稍耐盐碱。叶色在深秋变为红褐色，是北方秋季色叶树种之一。

永和县芝河镇交道沟村、交口乡鹿角村，干旱瘠薄地畔上有分布。

1 花 2 果 3 叶

1

2

3

2016.05.09摄于交道沟村

4. 春榆 本地名：山榆

落叶乔木，高达25米。树皮暗灰色，粗糙纵裂。小枝褐色，密被白色短柔毛，有木栓质翅。叶片倒卵状椭圆形或广倒卵形，先端急尖，基部楔形、偏斜，长3～9厘米，宽2～5厘米，叶缘具重锯齿和缘毛，上表面深绿色，背面淡绿色；叶脉羽状，侧脉15～20对；叶柄密生或疏生白色短绒毛。花先叶开放，花萼钟形，4浅裂；雄蕊4枚，雌蕊由2心皮组成。翅果扁平，倒卵形，无毛或仅在顶端凹陷处被毛。种子接近翅果上端的凹陷处。花期4～5月，果期5～6月。

分布于我国东北、华北、西北等地。深根性，萌蘖力强。永和县四十里山、扯布山、狗头山有分布。耐寒，耐干旱，常与旱榆、大果榆生于同一区域。

1 花 2 果 3 叶 4 树干

1

2

3

4

2016.04.28摄于扯布山沟底

2. 刺榆属 *Hemiptelea* Planch.

1种，分布于我国及朝鲜。

刺榆 本地名：狼牙杈刺

小乔木，或呈灌木状，高可达2～5米。树皮深灰色或褐灰色，不规则的条状深裂。小枝灰褐色或紫褐色，被灰白色短柔毛，具粗而硬的棘刺；刺长2～10厘米。冬芽常3个聚生于叶腋，卵圆形。叶互生，椭圆形至长圆形，长2～7厘米，宽1.5～3厘米，先端急尖或钝圆，基部浅心形或圆形，边缘有整齐的单锯齿，上面幼时被毛，后脱落残留有稍隆起的圆点，下面光滑无毛，或在脉上有稀疏的柔毛，侧脉8～12对，排列整齐，斜直出至齿尖；叶柄短，被短柔毛；托叶披针形，早落。小坚果黄绿色，斜卵圆形，两侧扁，长5～7毫米。花期4～5月，果期9～10月。

分布于我国东北、华北、西北、东南等地。永和县鹿角村、上冯苍村、小南楼村有野生。耐干旱，耐瘠薄，可作绿篱树种。种子可榨油。

1 花　2 果　3 枝刺

3. 朴属 *Celtis* L.

约70种，分布于北温带和热带。我国22种，除新疆、青海外各地均有分布。永和县1种。

小叶朴 *Celtis bungeana* Bl. 本地名：糖果果树

落叶乔木，高达20米。树皮灰色或暗灰色。小枝浅褐色，无毛，散生椭圆形皮孔。冬芽棕色。叶厚纸质，卵形至卵状披针形，长3～8厘米，宽2～4厘米，基部宽楔形至近圆形，稍偏斜至几乎不偏斜，先端尖至渐尖，边缘中部以上疏具浅齿，或一侧近全缘；叶柄淡黄色，长5～15毫米，无毛；托叶线形，早落。果单生叶腋，近球形，果柄长10～25毫米，果成熟时紫黑色，直径6～8毫米。核近球形，白色，平滑，略具网纹。花期4～5月，果期9～10月。

喜光，稍耐阴，耐寒；喜深厚湿润的中性黏质土壤。

永和县四十里山、扯布山、狗头山沟道均有天然分布，部分村庄有栽植。在海拔1500米的扯布山仍有散生。萌蘖力强，生长较慢，寿命长。木材色淡，轻柔，有弹性，供制家具、腰鼓、砧板等用。

1 果叶

2015.05.12摄于扯布山

10. 桑科 Moraceae

乔木、灌木，稀为草本。常有乳状液汁。单叶互生，稀对生，全缘或具锯齿或分裂；托叶早落。花小，单性，异株或同株，雌雄花常密集为头状、穗状、总状、隐头或柔荑花序；花单被；雄花花被片4（2～6），雄蕊与花被片同数且对生；雌花花被片4，基部稍连合，雌蕊由2心皮合成，子房上位至下位，花柱2或1，柱头2裂或不裂，子房1～2室，每室有胚珠1颗。果为核果或瘦果，分离或与花序轴合生，形成聚合果。种子有或无胚乳，胚多弯曲。

约67属1400种，多产于热带、亚热带。我国约18属153种，主要分布于长江以南各省区，少数分布于北部和西北部。永和县2属3种。

古桑 2016.05.28摄于贺家塬村

分属检索表

1. 雌雄花皆为穗状花序，宿存花萼肉质；果实小，集成卵状或圆柱状聚花果；芽鳞3～6；叶掌状脉 ······ 1. 桑属 *Morus*

1. 雌花为头状花序，雄花为柔荑、穗状稀头状花序；果实较大，集成球形聚花果；芽鳞2～3；叶脉三出 ······ 2. 构属 *Broussonetia*

1. 桑属 *Morus* L.

约16种，主要分布在北温带。我国产12种，各地均有分布。永和县2种，城乡均有栽培。

桑 *Morus alba* L.

本地名：桑树

落叶乔木，高10米。树皮灰色，具不规则浅纵裂。小枝有细毛。冬芽黄褐色，卵圆形，芽鳞覆瓦状排列，有细毛。叶卵形或广卵形，长5～15厘米，宽5～12厘米，先端渐尖，基部圆形至浅心形，边缘锯齿粗钝，有时叶为各种分裂，上面鲜绿色，无毛，下面沿脉有疏毛，脉腋有簇毛；叶柄长1.5～3.5厘米，稍有毛；托叶披针形，早落。雌雄异株；雄花序下垂，长2～3.5厘米，密被白色柔毛，雄花花被黄绿色，具退化雌蕊；雌花序稍短，长1～2厘米，被毛，花被绿色，外面和边缘被毛，果时呈肉质，花柱不明显，柱头2裂，外卷。聚花果长圆柱形至球形，长1～2.5厘米，成熟时红色或暗紫色。花期4月，果期6～7月。

喜光，耐寒，耐干旱瘠薄，适应性强。根系发达，抗风力强。萌芽力强，耐修剪。喜土层深厚、肥沃的土壤。

原产于我国中部和北部，现在东北至西南各省区，西北直至新疆均有栽培。永和县南北乡村均有栽培，打石崾乡贺家塬村有百年以上大树。

a. 龙爪桑 *Morus alba* 'Tortuosa'

桑树变种，枝条扭曲如游龙，姿态优美。分布于我国辽宁以南地区。阳性，适应性强。耐旱，抗寒，抗污染，抗风，耐盐碱。

永和县2007年引入城区和国家黄河蛇曲地质公园栽植，能正常开花结果。

1

2

3

4

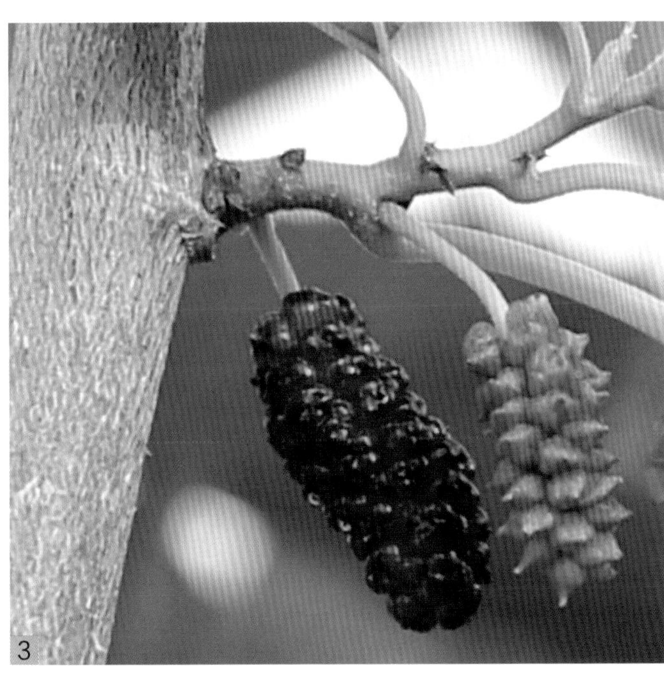

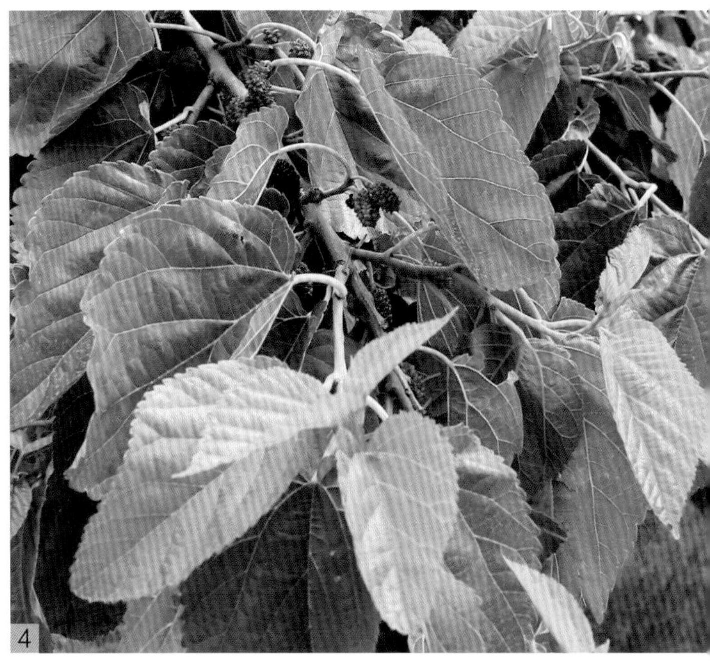

1 雌花序　2 雄花序　3 果　4 叶

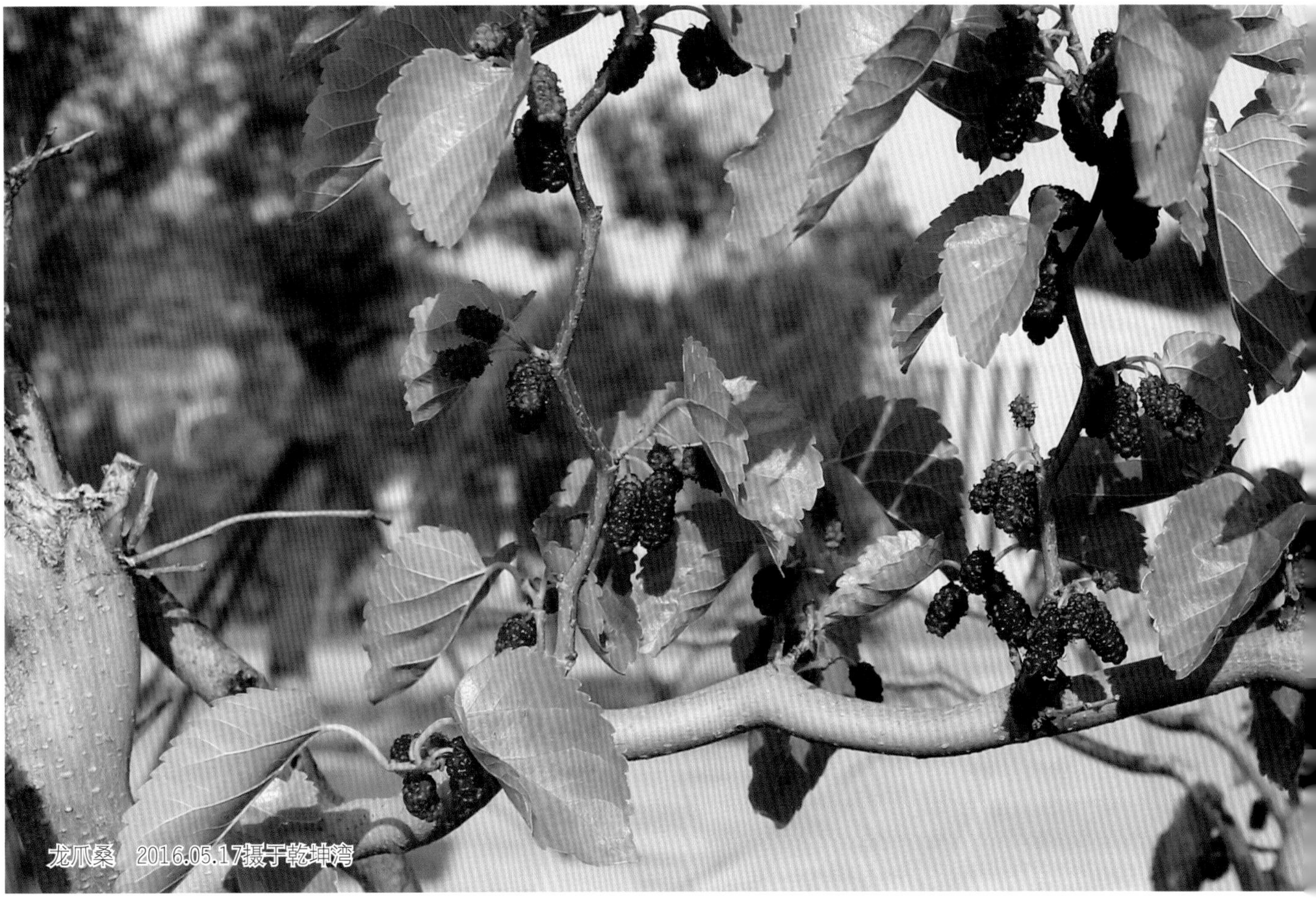
龙爪桑　2016.05.17摄于乾坤湾

2. 构属 *Broussonetia* L'Herit. ex Vent.

约4种，分布于东亚。我国有3种，分布于东南至西南部。永和县1种。

构 树 *Broussonetia papyrifera* L' Herit. ex Vent.

落叶乔木，高15米。树冠张开，卵形至广卵形。树皮平滑，浅灰色或灰褐色，不易裂，全株含乳汁。小枝灰褐色至红褐色，密生灰色粗毛。叶螺旋状排列，宽卵形，长7～25厘米，宽6～14厘米，先端渐尖，基部心形，两侧常不相等，边缘具粗锯齿，不分裂或3～5裂，上面粗糙，疏生糙毛，下面密被绒毛，脉三出，侧脉4～8对；叶柄长2.5～6厘米，密被糙毛；托叶卵状披针形，带紫色。花雌雄异株；雄花序为圆柱形，粗壮，长3～6厘米，苞片及花被片被毛；雌花序球形，雌花密生，花柱丝状，红紫色。聚花果直径1.5～3厘米，成熟时橙红色，肉质。花期4～5月，果期8～9月。

分布于我国黄河、长江和珠江流域地区，也见于越南、日本。适应性特强，耐干旱瘠薄。叶是很好的猪饲料，其根和种子均可入药，树液可治皮肤病，经济价值很高。是城乡绿化的重要树种，亦可选做庭荫树及防护林用。

永和县阁底乡东征村有1雄株，生长正常。

1 雄花
2 叶

11. 桑寄生科 Loranthaceae

半寄生性灌木，稀草本，常以根寄生于木本植物的枝上。叶常绿或落叶，对生，稀互生或轮生，革质，全缘，或为鳞片状，无托叶。花两性或单性，具苞片或小苞片，花被3～8；雄蕊与花被片同数，对生；子房下位，1室，稀3～4室，子房与花托合生，不形成胚珠，仅具胚囊细胞。果为浆果，稀核果。种子1，稀2～3，无种皮。

约65属1300种，主要产于世界热带地区，温带分布较少。我国有11属64种，大多数分布于华南和西南各省区。永和县1属1种。

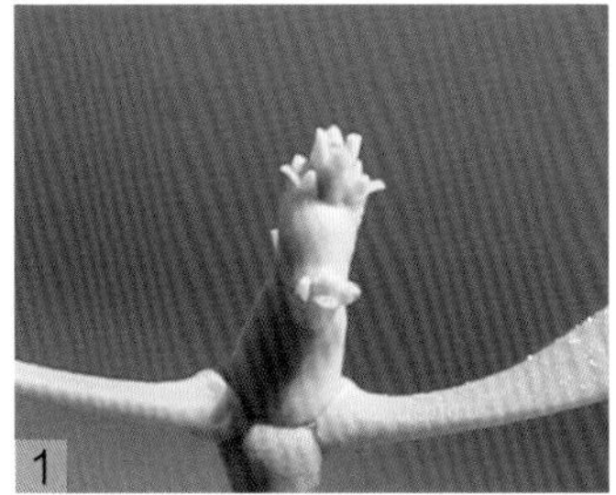

1 雌花 2 雄花 3 果枝

槲寄生属 *Viscum* L.

约20余种，分布于东半球，主产热带和亚热带地区，少数种类分布于温带地区。我国有4种。永和县1种。

槲寄生 *Viscum coloratum* (Komar.) Nakai

小灌木，高0.3～0.8米。茎、枝均圆柱状，叉状分枝，节稍膨大，节间长5～10厘米。叶对生枝端，厚革质或革质，长椭圆形至椭圆状披针形，顶端圆钝，基部楔形，全缘，两面无毛；基出脉3～5条；叶柄短。雌雄异株；花序顶生或腋生于茎叉状分枝处；雄花序聚伞状，总花梗短或无，总苞舟形，通常具花3朵；花蕾卵球形，萼片4枚，卵形。雌花序聚伞式穗状，总花梗短或无，具花3～5朵，苞片阔三角形；花蕾长卵球形，萼片4枚，三角形；柱头乳头状。果球形，具宿存花柱，成熟时淡黄色或橙红色。花期3～4月，果期8～10月。

我国大部分省区均产，仅新疆、西藏、云南、广东不产。永和县分布较广。寄生于山杨、河北杨、暴马丁香、细裂槭、杏树等树种上。

2016.03.28摄于扯布山沟底（雄株）

12. 蓼科 Polygonaceae

草本，灌木或藤本，稀乔木。茎节通常膨大。单叶互生，稀对生或轮生，全缘稀分裂，具托叶鞘。花两性，稀为单性，辐射对称；花序由若干小聚伞花序排成总状、穗状或圆锥状，花有时单生；花被片3～6；雄蕊6～9或更少，有花盘；子房上位，1室，1胚珠；花柱2～3。瘦果卵形，具3棱或扁平，胚偏于一侧，胚乳丰富。

约40属800余种，主要分布于北温带，少数在热带。我国产12属200余种，分布于全国各地。永和县1属1种。

蓼属 *Polygonum* L.

300种，广布于全球。我国约120种，各省均产之，有些种类入药。永和县1种。

奥氏蓼

Polygonum aubertii L.

又名：山荞麦

落叶灌木状藤木，长达10～15米。茎细，披散或缠绕，皮灰褐色。单叶簇生或互生，卵形至卵状长椭圆形，长2～14厘米；顶端锐尖，基部心脏至箭形，边缘常波状；两面无毛；托叶鞘斜形，褐色。顶生或腋生总状或圆锥状花序；花梗有细柔毛，下部具关节；花被白色，5裂，具全缘翅，结果后花被增大，呈长圆形或倒卵形，顶有凹口；雄蕊8，柱头3，花柱缺。瘦果椭圆形，3棱，黑褐色，包于花被内。花果期7～10月。

原产于我国云南、四川、贵州、广西、湖南、江西等省区。喜光，耐寒，耐旱，生长快。永和县双锁山庙旁（海拔1400米）有野生。

1 花　2 果　3 叶

13. 小檗科 Berberidaceae

灌木或多年生草本。单叶或一至三回羽状复叶，互生，稀对生或基生。花两性，辐射对称，单生或为聚伞、总状、穗状或圆锥状花序；萼片3～9，离生，2～3轮；雄蕊与花瓣同数而对生，稀为其2倍，花药2室；子房上位，1室，胚珠多数或少数，稀1颗，花柱短或无。浆果，蒴果，蓇葖果。种子胚小，胚乳丰富。

12属约650种，主要分布于北温带。我国11属约300种，主要分布于西部和西南部。永和县1属3种。

小檗属 *Berberis* L.

约450～500种，分布在欧洲、亚洲、非洲和美洲的温带和亚热带地区。我国250种，主产于西部、西南部。永和县3种。

大叶小檗 2015.10.02摄于扯布山

分种检索表

1．花常簇生成伞形花序；叶紫色至鲜红色……1. 紫叶小檗 *B. thunbergii* var. *atropurpurea*

1．花常成总状花序；叶绿色……2

2．叶狭披针形，边缘锯齿常甚细小而不明显或全缘；叶上面中脉明显下凹……2. 细叶小檗 *B. poiretii*

2．叶长倒卵形，边缘密具刺形细锯齿……3. 大叶小檗 *B. amurensis*

1. 紫叶小檗 *Berberis thunbergii* var. *atropurpurea* Chenault

落叶灌木，一般高约1～2米，多分枝。枝条开展，具细条棱，无毛，老枝暗红色；茎刺单一，偶3分刺，长5～18毫米。叶紫色至鲜红色，倒卵形或匙形，长1～2厘米，宽5～12毫米，先端骤尖或钝圆，基部狭而呈楔形，全缘，中脉微隆起，两面网脉不显，无毛；叶柄长2～8毫米。花2～5朵成簇生状伞形花序，黄色；花梗长5～10毫米，无毛；小苞片3，卵形，带红色；萼片6，花瓣状，外轮稍小于内轮萼片；花瓣长圆状倒卵形，先端截形；雄蕊约与花瓣等长；子房含胚珠2颗，无珠柄。浆果椭圆形，红色，有宿存花柱。种子1～2粒。花期4～5月，果期9月。

原产于我国东北南部、华北及秦岭。适应性强，喜阳、耐半阴，耐寒，耐修剪。可用来布置花坛、花镜，是园林绿化中色块组合的重要树种。

永和县2007年引入，用于城区和国家黄河蛇曲地质公园景区绿化，能正常开花结果。

1 花
2 花枝
3 果

2. 细叶小檗 *Berberis poiretii* Schneid. 本地名：黄瓜条

落叶灌木，高1～2米。老枝灰黄色，幼枝紫褐色，生黑色疣点，具条棱；枝刺缺或单一，有时三分叉，长4～9毫米。叶纸质，倒披针形至狭倒披针形，长1.5～4厘米，宽5～10毫米，先端渐尖或急尖，具小尖头，基部渐狭，上面深绿色，背面淡绿色或灰绿色，网状脉明显，全缘或中上部边缘具数枚细锯齿；近无柄。总状花序下垂，长3～6厘米，具花8～15朵，鲜黄色；花梗长3～6毫米，无毛；萼片2轮6片，外萼片椭圆形或长圆状卵形，内萼片长圆状椭圆形；花瓣倒卵形，较萼片稍短；雄蕊长约1.5毫米。浆果长圆形，长约9毫米，径约5毫米，粉红色，内含1种子。花期4～5月，果期8～9月。

产于我国吉林、辽宁、内蒙古、青海、陕西、山西、河北等省区。朝鲜、蒙古、俄罗斯（远东）有分布。根和茎可用于治疗痢疾、黄疸、关节肿痛等症。

永和县李塬里村有野生，生长旺盛。

1 花枝 2 果枝 3 花序

3. 大叶小檗 *Berberis amurensis* Rupr. 又名：三颗针

落叶灌木，高1.5～2米。树皮暗灰色。枝灰黄色，有纵棱，枝节上有1～3个叉状针刺，刺长1～1.5厘米。叶簇生于刺腋的短枝上，倒披针状椭圆形，或倒卵状椭圆形，长6～8厘米，宽2～3.5厘米，先端钝头，基部渐窄如叶柄状，边缘有小刺尖锯齿，上面绿色，下面色淡，网状脉显著隆起。总状花序生于短枝端，有花10～25，浅黄绿色；萼片6；花瓣6；雄蕊6。浆果，长椭圆形，熟后为红色，有白粉，长1厘米左右。花期5～6月，果期9～10月。

我国东北及华北各省有分布。耐寒，耐湿。含有生物碱，根、根皮、茎及茎皮入药，具有泻火解毒的功效。

永和县四十里山、扯布山、狗头山均有分布。常与水栒子、陕西荚蒾、土庄绣线菊、连翘、虎榛子等混生，生长良好。

1

2

2016.05.17摄于国营林场

1 花枝 2 果枝

14. 防己科 Menispermaceae

木质藤本，稀直立灌木或乔木。单叶互生，全缘或掌状分裂，常具掌状脉；无托叶。花通常小而不鲜艳，单性，雌雄异株，辐射对称，单生、簇生或成总状花序、圆锥花序或聚伞花序；萼片和花瓣通常轮生，稀螺旋状着生；雄蕊2至多数，通常6～8，分离或合生，花药2～4室，纵裂；雌花有或无退化雄蕊；心皮3～6，较少1～2或多数，分离，子房上位，1室，倒生胚珠2，其中1颗早期退化。核果或核果状。

约65属350余种，分布于全世界的热带和亚热带地区，温带很少。我国有19属78种，主产于长江流域及其以南各省区，尤以南部和西南部各省区为多，北部很少。永和县1属1种。

蝙蝠葛属 *Menispermum* L.

2种，产于日本和我国西北部、中部至北部。茎和根含多种生物碱，供药用。永和县1种。

蝙蝠葛*Menipermum davuricum* DC.

落叶缠绕木质藤本，长10余米。小枝绿色，有细纵条纹。单叶互生，肾形或卵圆形，长5～12厘米，全缘或3～7浅裂；叶柄盾状着生。花单性异株，圆锥花序腋生；雄花：花序总梗长约3厘米，花梗长约5毫米，花黄绿色；萼片6，膜质，绿黄色，狭倒卵形；花瓣6～8，肉质，卵圆形；雄蕊通常12～18；雌花：心皮3，花柱短，柱头2裂。核果扁球形，直径8～10毫米，熟后黑色。花期5～6月，果期8～9月。

分布于我国东北、华北、华东等地。永和县国营林场后深沟有自然分布。

1 花
2 幼果枝

15. 毛茛科 Ranunculaceae

草本，稀为灌木或木质藤本。叶互生或基生，少数对生；单叶或复叶，掌状分裂，无托叶。花两性，雌雄同株或雌雄异株，单生或组成各种聚伞花序或总状花序；萼片4～5，或较多，绿色，有时呈花瓣状；花瓣与花萼同数，有时不存在；雄蕊多数，花药2室，侧裂；心皮1至多数，离生，稀合生，螺旋状排列；胚珠1至多数，倒生。果实为蓇葖或瘦果，少数为蒴果或浆果。种子胚小，胚乳丰富。

约59属2000种，全世界广布，主产北温带。我国42属725种，分布于全国。永和县2属4种。

分属检索表

1. 直立草本或灌木；叶互生；萼片5～10枚覆瓦状；子房含几个或多数胚珠；蓇葖果
……………………………………………………………………………………2. 芍药属 ***Paeonia***

1. 常为藤本，稀直立；叶对生；萼片常4枚镊合状；子房含1胚珠；瘦果
……………………………………………………………………………………1. 铁线莲属 ***Clematis***

白牡丹 2016.04.29摄于朝阳寺

1. 铁线莲属 *Clematis* L.

约300种，各大洲都有分布。我国约有108种，全国各地都有分布，以西南地区种类较多。永和县3种。

分种检索表

1. 直立半灌木，单叶，萼黄色 ………… 2. 灌木铁线莲 *C. fruticosa*

1. 攀缘藤本，复叶，萼白色 ………… 2

2. 花单生枝顶，或1～5朵，腋生成聚伞状；羽状复叶，小叶全缘，干后黑褐色 ………… 秦岭铁线莲 *C. obscura*

2. 花排成聚伞花序或圆锥花序；二回三出复叶，小叶上部具粗锯齿或有时3浅裂 ………… 3. 短尾铁线莲 *C. brevicaudata*

灌木铁线莲 2015.04.30摄于三坪里村

1. 秦岭铁线莲 *Clematis obscura* Maxim.

木质藤本，干时变黑。小枝疏生短柔毛，后变无毛。一至二回羽状复叶，有5～15小叶，茎上部有时为三出叶，基部2对常不等2～3深裂、全裂至3小叶；小叶片或裂片纸质，卵形至披针形，或三角状卵形，长1～6厘米，宽0.5～3厘米，顶端锐尖或渐尖，基部楔形、圆形至浅心形，全缘。花单生或聚伞花序3～5花或更多，腋生或顶生；花直径2.5～5厘米；萼片4～6，开展，白色，长圆形或长圆状倒卵形，长1.2～2.5厘米，顶端尖或钝，除外面边缘密生绒毛外，其余无毛；雄蕊无毛。瘦果扁，椭圆形至卵圆形，长约5毫米，有柔毛，宿存花柱长达2.5厘米，有金黄色长柔毛。花期4～6月，果期8～11月。

分布于四川、重庆、湖北、甘肃南部、陕西、河南西部及山西南部。永和县双锁山、裕里村有野生，多见于山坡灌丛，沟道路旁。

1 花　2 果

2. 灌木铁线莲 *Clematis fruticosa* Turcz.

直立小灌木，高达1米。枝有棱，紫褐色。单叶对生或数叶簇生，绿色，薄革质，狭三角形或披针形，长2～5厘米，宽0.5～1.4厘米，顶端锐尖，边缘疏生锯齿状牙齿，下部成羽状深裂至全裂，裂片牙齿状或全缘，两面近无毛或疏生短柔毛。花单生，或3花成聚伞花序，腋生或顶生；萼片4，斜展呈钟状，黄色，长椭圆状卵形至椭圆形，顶端尖，外面边缘密生绒毛；雄蕊无毛，花丝披针形，比花药长。瘦果扁，卵形至卵圆形，长约5毫米，密生长柔毛，宿存花柱长达3厘米，有黄色长柔毛。花期7～8月，果期10月。

分布于甘肃南部和东部、陕西北部、山西、河北北部及内蒙古。永和县境内分布较广，常生长在荒山荒坡或地埂、路旁，特别耐干旱瘠薄。

1 花枝　2 花　3 果

1

2

3

2015.07.24摄于小南楼村

3. 短尾铁线莲 *Clematis brevicaudata* DC.

木质藤本。枝有棱，小枝疏生短柔毛。一至二回羽状复叶或二回三出复叶，有5～15小叶，有时茎上部为三出叶；小叶片长卵形、卵形至宽卵状披针形或披针形，长1～6厘米，宽0.7～3.5厘米，顶端渐尖或长渐尖，基部圆形、截形至浅心形，有时楔形，边缘疏生粗锯齿或牙齿，有时3裂，两面近无毛或疏生短柔毛。圆锥状聚伞花序腋生或顶生；花梗长1～1.5厘米，有短柔毛；花直径1.5～2厘米；萼片4，开展，白色，狭倒卵形，长约8毫米，两面均有短柔毛；雄蕊无毛，花药长2～2.5毫米。瘦果卵形，密生柔毛，宿存花柱长2～3厘米。花期7～9月，果期9～10月。

分布于西藏东部、云南、四川、甘肃、青海东部、宁夏、陕西、河南、湖南、浙江、江苏、山西、河北、内蒙古和东北。朝鲜、蒙古、俄罗斯远东地区及日本也有。

永和县四十里山、扯布山沟道均有分布。

1 花　2 果

2. 芍药属 *Paeonia* L.

约40种，分布于北温带，主产亚洲，部分种类分布在欧洲南部和北美洲西部。我国有12种，培植变种繁多，主要分布于西南、西北地区。永和县1种。

1 花 2 果

牡丹 *Paeonia suffruticosa* Andr.

落叶灌木，高达2米。分枝短粗。叶常为二回三出复叶，顶生小叶长7～8厘米，宽5.5～7厘米，3裂至中部；侧生小叶长4.5～6.5厘米，宽2.5～4厘米，2～3浅裂或不裂；叶柄长5～11厘米，无毛。花单生枝顶，直径10～17厘米；花梗长4～6厘米；苞片5，长椭圆形，大小不等；萼片5，绿色，宽卵形，大小不等；花瓣5，或为重瓣，玫瑰色、红紫色、粉红色至白色，倒卵形，长5～8厘米，宽4～6厘米，顶端呈不规则波状；雄蕊多数，花药长圆形，花盘革质，杯状，紫红色，顶端有数个锐齿或裂片，完全包住心皮；心皮5，或更多，密生柔毛。蓇葖果长圆形，密生黄褐色硬毛。花期4～5月，果期6月。

为著名花卉，根皮可药用。永和县朝阳寺有上百年的白牡丹，该品种耐寒、耐干旱，开花比其他品种提前10天左右，花色洁白，每到花季游人络绎不绝。

16. 木兰科 Magnoliaceae

落叶或常绿，乔木、灌木或藤本。单叶互生，常全缘，稀分裂。花两性，稀单性，单花或数花聚生枝顶或叶腋；萼片和花瓣很相似，分化不明显（统称花被），排列成数轮，分离，花托柱状；雄蕊、雌蕊均为多数，分离，螺旋状排列。果实为聚合果，背缝开裂，稀为翅果或浆果。种子胚小，胚乳丰富。

18属300余种，主要分布在亚洲的热带和亚热带地区，美洲有少数种。我国约16属150余种，集中在南部和中南半岛。永和县引入1属1种。

1 花　2 幼果

木兰属 *Magnolia* L.

约90种，产于亚洲东南部温带及热带。我国约31种，分布于西南部、秦岭以南至华东、东北。永和县引入1种。

紫玉兰 *Magnolia liliflora* Desr.

又名：木兰

落叶灌木，高达3～4米。常丛生，树皮灰褐色，小枝紫褐色，有明显皮孔。叶椭圆状倒卵形或倒卵形，长8～20厘米，宽4～12厘米，全缘，先端急尖或渐尖，基部楔形，上面深绿色，下面淡绿色，沿脉有短柔毛。花两性、钟形，单生枝顶，先叶或与叶同时开放；花被片9，外轮3片，萼片状，带绿色，早落，内2轮6片，外面紫色或紫红色，内面带白色，无香气。聚合蓇葖果圆柱形，长7～10厘米。花期4～5月，果期9月。

我国特有树种。分布于我国云南、福建、湖北、四川等地。花朵艳丽怡人，芳香淡雅，孤植或丛植都很美观，树形婀娜，枝繁花茂，是优良的庭园、街道绿化树种。

永和县2007年引入庭院栽培，能正常生长。

2015.05.26摄于县城居民院

17. 虎耳草科 Saxifragaceae

草本、灌木或小乔木。单叶，稀复叶，互生或对生，无托叶。花两性，有时单性或边花不育；花序多为聚伞状、圆锥状或总状，稀单花；花被片通常4～5基数，覆瓦状或镊合状排列；有时萼片成花瓣状；雄蕊与花瓣同数或为其2倍；心皮2～5，全部或部分合生，稀分离，子房上位、半下位至下位。胚珠多数，花柱或柱头与心皮同数。蒴果或浆果。种子小，具胚乳。

约80属1200余种，分布于全球，主产温带。我国有28属约500余种，南北均产，主产西南。永和县1属1种。

山梅花属 *Philadelphus* L.

约75种，分布于北温带。我国约15种，产于西南部至东北部，大部分供观赏用。

太平花 *Philadelphus pekinensis* Rupr.

落叶灌木，高2～4米。枝对生，具坚实白色髓心，幼枝紫褐色，老枝黄灰褐色。叶对生，长卵形，长3～8厘米，宽1.5～4厘米，先端渐尖，基部阔楔形或近圆形，缘疏生锯齿，三出脉。花5～9朵成总状花序；花萼黄绿色，裂片4、卵状三角形；花瓣4，白色，卵圆形；雄蕊多数；子房半下位，4室，胚珠多数，花柱无毛。蒴果近球形或倒圆锥形，4瓣裂。种子细纺锤形。花期6～7月，果期9～10月。

产自我国内蒙古、辽宁、河北、河南、山西、陕西、湖北。朝鲜亦有分布，欧美一些植物园有栽培。喜光，耐旱，稍耐阴，较耐寒，怕水湿，耐修剪，寿命长。生长于海拔1500米以下山坡、林地、沟谷或溪边向阳处。

永和县扯布山海拔1200米以上有天然分布。枝叶茂密，花乳白而清香，花多朵聚集，颇为美丽。

1

1 花枝　2 果　3 叶

2

3

18. 杜仲科 Eucommiaceae

落叶乔木。体内有弹性胶丝。小枝片状髓心。单叶互生，缘具齿，羽状脉；有叶柄，无托叶。花单性异株 ，无花被，先叶开放或与叶芽同时开放；雄花簇生，雄蕊4~10，花丝短，花药条形；雌花单生于苞腋，具短柄，雌蕊由2心皮合成，仅1个发育，子房上位，1室，倒生胚珠2颗，垂生，顶端有2叉状花柱。翅果长圆形，先端2裂，种子1粒。

我国特产，1属1种。

1 叶 2 雄花 3 树干

杜仲属

Eucommiaceae Oliv.

形态特征同科。

杜仲

Eucommia ulmoides Oliv.

落叶乔木，高可达20米。树皮、叶和果实内均含白色胶丝。树皮灰褐色，纵裂。嫩枝有黄褐色毛，不久变秃净，老枝有明显的皮孔。叶椭圆形、卵形或矩圆形，长6~18厘米，宽3~7.5厘米，基部圆形或阔楔形，先端渐尖，上面暗绿色，下面淡绿色，初时有褐毛，以后仅在脉上有毛，侧脉6~9对，边缘有锯齿；叶柄长1~2厘米。翅果扁平，长椭圆形，长3~4厘米，宽约1厘米，先端2裂，基部楔形，果皮及翅革质。种子条形，两端圆中间较宽厚。花期4月，果期10~11月。

我国特有树种。华北、华中、西南和西北有分布。喜光，喜温暖湿润气候，适应性强，能耐严寒，对土壤没有严格选择。

永和县阁底乡高家塬村，2000年引入2雄株，现在树高6米，胸径约15厘米，生长正常。

2016.05.28摄于高家塬村

19. 悬铃木科 Platanaceae

落叶乔木，有星状柔毛。树皮苍白色，常成波片状脱落。单叶互生，掌状分裂，掌状脉，叶柄长。花雌雄同株，均为头状花序；萼片3～8；花瓣与萼片同数；雄蕊3～8；雌花有离生心皮3～8个，花柱细长，胚珠1～2，悬垂。果序为聚合果，由多数小坚果集合成球形，小坚果基部围有长绒毛。种子1，有少量胚乳。

1属11种，分布于北美、东欧及亚洲西部。我国引种3种。

1 雄花
2 雌花
3 果

悬铃木属 *Platanus* L.

形态特征同科。

二球悬铃木

Platanus acerifolia **(Ait.) Wild.**

又名：法国梧桐

大乔木，高35米。树皮灰绿色，不规则片状剥落，内皮淡绿白色，平滑。幼枝、叶密被褐色星状毛。叶三角状卵形或阔三角形，长9～20厘米，3～5深裂，中央裂片长度与宽度近相等；叶柄长3～10厘米；托叶长约1.5厘米。花小，单性同株；雄花萼片卵形，被毛；花瓣长圆形，长为萼片的2倍；雄蕊4，比花瓣长，盾形药隔有毛；雌花约6个心皮，离生。球状果序多2个串生，偶有单生或3个串生，果径约2.5厘米，花柱宿存，刺毛状。花期4月，果期9～10月。

世界著名的城市绿化树种、优良庭荫树和行道树，有"行道树之王"之称。我国北起辽宁、河北，西至甘肃，南至广东均栽种为行道树。

永和县2007年引入，用于街道绿化和景区绿化，适应性较好，生长迅速。

2015.09.21摄于城内康谐路

20. 蔷薇科 Rosaceae

落叶或常绿，草本、灌木、乔木或藤本。有刺或无刺。冬芽常具数个鳞片，有时仅2个。单叶或复叶，互生稀对生；有显明托叶，稀缺。花两性，稀单性；通常整齐，周位花或上位花；花轴上端发育成碟状、钟状、杯状、坛状或圆筒状的花托，花托边缘生萼片、花瓣和雄蕊；萼片和花瓣同数，通常4～5，覆瓦状排列，稀无花瓣，萼片有时具副萼；雄蕊5至多数，稀1或2、花丝离生，稀合生；心皮1至多数，离生或合生，有时与花托连合，每心皮有1至数个直立的或悬垂的倒生胚珠；花柱与心皮同数，有时连合，顶生、侧生或基生。蓇葖果、瘦果、梨果或核果，稀蒴果。种子通常不含胚乳，极稀具少量胚乳。

约124属3300余种，主产于北半球温带。我国有51属1000余种，产全国各地。永和县14属39种。

按果实和花的构造，分为4个亚科。

杏树王　2015.07.01摄于大凤圪堆村

分亚科检索表

1．果实为开裂的蓇葖果，稀蒴果；心皮1～5（～12），常无托叶，稀有托叶
……………………………………………………………………………………………Ⅰ．绣线菊亚科 Spiraeoideae
1．果实不开裂；全有托叶……………………………………………………………………………………………2
2．子房下位，半下位，稀上位；心皮（1）2～5，多数与杯状花托内壁连合；梨果，稀浆果状或小核果状……………………………………………………………………………………………Ⅱ．苹果亚科 Maloideae
2．子房上位，稀下位……………………………………………………………………………………………3
3．心皮常多数；瘦果，萼宿存；常具复叶，极稀单叶……………………………Ⅲ．蔷薇亚科 Rosoideae
3．心皮通常1，稀2或5；核果，萼常脱落；单叶…………………………………Ⅳ．李亚科 Prunoideae

Ⅰ．绣线菊亚科 Spiraeoideae

灌木，稀草本。单叶，稀复叶；叶片全缘或有锯齿；常不具托叶或稀具托叶。心皮1～5，稀12，离生或基部合生；子房上位，具2至多数悬垂胚珠。果实成熟时多为开裂的蓇葖果，稀蒴果。

22属。我国8属。永和县2属。

土庄绣线菊 2015.04.30摄于双锁山

分属检索表

1．单叶；伞形花序……………………………………………………………1．绣线菊属 *Spiraea*
1．羽状复叶；大型圆锥花序…………………………………………………2．珍珠梅属 *Sorbaria*

1. 绣线菊属 *Spiraea* L.

约100余种，广布于北温带。我国60余种，多分布于南北各省区。永和县2种。多数可作观赏植物。

分种检索表

1. 叶片、花序和蓇葖果无毛或几无毛；叶片近圆形，先端常3裂，基部圆形至近心形，有显著三至五出脉 ……………… 1. 三裂绣线菊 *S. trilobata*

1. 叶片下面有毛，花序无毛，蓇葖果在腹缝线微被短柔毛或无毛；叶菱状卵形至椭圆形，先端急尖，基部宽楔形 ……………… 2. 土庄绣线菊 *S. pubescens*

1.三裂绣线菊 *Spiraea trilobata* L.

本地名：油葫芦梢

落叶灌木，高1～2米。小枝细，开展，呈“之”字形弯曲，幼时黄褐色，无毛，老时暗灰褐色。冬芽小，外被数枚鳞片。叶片近圆形，长1.7～3厘米，宽1.5～3厘米，基部圆形、近心形或广楔形，先端钝、通常3裂，边缘自中部以上有少数圆钝锯齿，两面无毛，背面灰绿色，具明显三至五出脉。花两性，伞形花序，具总梗，无毛，生于侧枝顶端，有花15～30朵；花梗长8～13毫米，无毛；萼筒钟状，萼片三角形；花瓣广倒卵形，先端常微凹，白色；雄蕊18～20，比花瓣短；花盘约有10个大小不等的裂片，排成圆环形；子房被短柔毛，花柱比雄蕊短。蓇葖果开展，沿腹缝被短柔毛或无毛，宿存萼片直立。花期5～6月，果期8～9月。

产于我国华北、东北、西北和华东等地。永和县四十里山、扯布山、楼山均有分布。较耐干旱瘠薄，阳坡和石质山坡多见。

1 花 2 果 3 果、叶

2. 土庄绣线菊

Spiraea pubescens Turcz.

落叶灌木，高1～2米。小枝开展，稍弯曲，嫩时褐黄色，被短毛，老时灰褐色，无毛。叶片菱状卵形至椭圆形，长2～4.5厘米，宽1.3～2.5

厘米，先端急尖，基部宽楔形，边缘自中部以上有缺刻锯齿，有时3裂，上面有疏柔毛，下面有灰色短柔毛；叶柄长2～4毫米，有短柔毛。花两性，伞形花序，具总梗，有花15～20朵；花梗长7～12毫米，无毛；花直径5～8毫米；萼筒钟状，外面无毛，萼片卵状三角形；花瓣卵形、宽倒卵形或近圆形，先端圆钝或微凹，白色；雄蕊25～40，约与花瓣等长；花盘圆环形，具10个裂片，裂片先端稍凹陷；子房无毛或仅在腹部及基部有短柔毛，花柱短于雄蕊。蓇葖果开张，花柱顶生，具直立萼片。花期4～5月，果期9～10月。

产于我国华北、东北、华东、华中、西北等地。喜光、耐寒、耐旱，对土壤要求不严，喜中性土壤。

永和县四十里山、扯布山、狗头山均有分布，与水栒子、陕西荚蒾、山葡萄、连翘、虎榛子等混生，多见于阴坡。

1 花　2 果枝

2. 珍珠梅属 *Sorbaria* (Ser.) A. Br. ex Aschers.

约有9种，分布于亚洲。我国约有4种，产于东北、华北至西南各省区。永和县引入1种。

珍珠梅 *Sorbaria sorbifolia* (L.) A. Br.

落叶灌木，高达2米。枝条开展，小枝圆柱形，稍屈曲，无毛或微被短柔毛，初时绿色，老时暗红褐色或暗黄褐色。冬芽卵形，先端圆钝，无毛或顶端微被柔毛，紫褐色，具数枚互生鳞片。奇数羽状复叶，互生；小叶11～17，对生，披针形至卵状披针形，长5～7厘米，宽1.8～2.5厘米，先端渐尖，稀尾状尖，基部近圆形或宽楔形，稀偏斜，边缘有尖锐重锯齿，两面无毛或近于无毛，羽状网脉，具侧脉12～16对；小叶无柄或近于无柄。顶生圆锥花序，总花梗和花梗被星状毛或短柔毛，后脱落；萼筒钟状，萼片三角状卵形；花瓣长圆形或倒卵形，白色；雄蕊40～50，约长于花瓣1.5～2倍，生在花盘边缘。蓇葖果长圆形，萼片宿存。花期7～8月，果期9月。

原产于亚洲北部，我国河北、甘肃、山东、山西、内蒙古、江苏等地均有分布。喜光耐寒，耐阴，耐湿、耐旱，耐修剪。对土壤要求不严，在排水良好的砂质壤土中生长较好。生长快，易萌蘖，是良好的夏季观花植物。

永和县文庙广场有栽植，能正常开花结果。

1 花

Ⅱ. 苹果亚科　Maloideae

灌木或乔木。单叶或复叶，有托叶。心皮1～2或2～5，多数与杯状花托内壁连合；子房下位、半下位，稀上位，1～2或2～5室，各具2稀1至多数直立的胚珠。梨果，稀浆果状或小核果状。

20属约1100种，主要生长在北半球。我国产16属。永和县5属。

分属检索表

1. 心皮在成熟时变为坚硬骨质，果实内含1～5小核……2
1. 心皮在成熟时变为革质或纸质，梨果1～5室，每室1或多数种子……3
2. 叶全缘；枝条无刺……3. 栒子属 *Cotoneaster*
2. 叶缘有锯齿或裂片；枝条常有刺……4. 山楂属 *Crataegus*
3. 子房每室3至多数胚珠；花单生，或3～5簇生；花萼裂片脱落……5. 木瓜属 *Chaenomeles*
3. 子房每室1～2胚珠；伞形总状花序或总状花序，稀花单生；萼片宿存或脱落……4
4. 花柱离生；花药紫红色；果肉内常有较多的石细胞……6. 梨属 *Pyrus*
4. 花柱基部合生；花药通常黄色；果肉内通常无石细胞或仅有少量石细胞……7. 苹果属 *Malus*

梨树　2016.04.11摄于下坡村

3. 栒子属 *Cotoneaster* B. Ehrhart

约90种，分布于东半球北温带。我国约50余种，分布甚广，主产地为西南部，大多数可作观赏植物。永和县3种。

分种检索表

1．花瓣粉红色，开花时直立……………………………………3. 西北栒子 *C. zabelii*

1．花瓣白色，开花时平铺展开……………………………………2

2．花梗和萼筒均无毛；叶片下面无毛，仅幼时稍有柔毛……………………1. 水栒子 *C. multiflorus*

2．花梗及萼筒外面有稀疏柔毛；叶片下面有短柔毛……………………2. 毛叶水栒子 *C. submultiflorus*

水栒子 2015.10.02摄于双锁山

1. 水栒子 *Cotoneaster multiflorus* Bge.

本地名：棱楠

落叶灌木，高达4米。小枝圆柱形，红褐色或棕褐色，幼时有毛，后脱落。叶片卵形或宽卵形，长2～4厘米，宽1.5～3厘米，先端急尖或圆钝，基部宽楔形或圆形，全缘，上面无毛，下面幼时稍有绒毛，后脱落；叶柄长3～8毫米，幼时有柔毛，后脱落；托叶线形。花多数，约5～20朵，成疏松的聚伞花序；总花梗和花梗无毛；花直径1～1.2厘米；萼筒钟状，萼片三角形；花瓣平展，白色；雄蕊约20，稍短于花瓣；花柱2，离生，比雄蕊短。梨果近球形或倒卵形，直径8毫米，红色，含2小核。花期5～6月，果期8～9月。

产于我国东北、西北、华北、西南。俄罗斯西伯利亚以及亚洲中部和西部均有分布。喜光，耐寒，耐阴，耐干旱瘠薄，耐修剪。花洁白，果艳丽繁盛，是北方地区常见的观花、观果树种。

永和县四十里山、扯布山、狗头山均有大面积分布，普遍生于沟谷、山坡杂木林中，常与虎榛子、丁香、毛叶水栒子、西北栒子、土庄绣线菊等组成群落。

1 花枝　2 果枝

毛叶水栒子（左）和水栒子（右）的比较

1 花 2 果

2. 毛叶水栒子 *Cotoneaster submultiflorus* Popov.

本地名：毛叶棱椭

落叶直立灌木，高2～4米。小枝细，圆柱形，棕褐色或灰褐色，幼时密被柔毛，后逐渐脱落。叶片卵形至椭圆形，长2～4厘米，宽1.2～2厘米，先端急尖或圆钝，基部宽楔形，全缘，上面无毛或幼时微具柔毛，下面具短柔毛；叶柄长4～7毫米，具柔毛；托叶披针形。花多数，成聚伞花序，总花梗和花梗具长柔毛；苞片线形，有柔毛；花直径8～10毫米；萼筒钟状，外面被柔毛；萼片三角形，先端急尖，外面被柔毛；花瓣平展，卵形或近圆形，先端圆钝或稀微缺，白色；雄蕊15～20，短于花瓣；花柱2，离生，稍短于雄蕊；子房先端有短柔毛。果实近球形，直径6～7毫米，亮红色，具1小核。花期5～6月，果期9月。

产于我国华北、西北等地。永和县四十里山、扯布山、狗头山有分布，多见于狗头山的小南楼村。

2015.05.04摄于四十里山

3. 西北栒子 *Cotoneaster zabelii* Schneid.

落叶灌木，高达2米。枝条细瘦开张，小枝深红褐色，幼时密被带黄色柔毛，老时无毛。叶片椭圆形至卵形，长1.2～3厘米，宽1～2厘米，先端多数圆钝，基部圆形或宽楔形，全缘，上面具稀疏柔毛，下面密被带黄色或带灰色绒毛；叶柄长1～3毫米，被绒毛；托叶披针形，有毛，后脱落。花3～12朵成下垂聚伞花序；总花梗和花梗被柔毛；萼筒钟状，外面被柔毛；萼片三角形，外面具柔毛；花瓣直立，倒卵形或近圆形，浅红色；雄蕊18～20，较花瓣短；花柱2，离生，短于雄蕊，子房先端具柔毛。梨果倒卵形，直径7～8毫米，鲜红色，具2小核。花期5～7月，果期8～9月。

我国的特有植物。分布于青海、陕西、甘肃、宁夏、河北、河南、山东、山西、湖北、湖南等地。

永和县四十里山、扯布山、狗头山均有分布。常生长于海拔1000～1400米的沟谷边、山坡地及灌木丛中。

1 花　2 果

2015.05.04摄于石畔岭村

4. 山楂属 *Crataegus* L.

约900种，广布于北温带。我国约产17种。永和县2种。

山楂 *Crataegus pinnatifida* Bge. 本地名：野山楂

落叶乔木，高6米。树皮粗糙，暗灰色或灰褐色。刺长约1～2厘米，稀无刺；一年生小枝紫褐色，老枝灰褐色。冬芽三角卵形，无毛，紫色。叶宽卵形或三角状卵形，长5～10厘米，宽4～7.5厘米，先端短渐尖，基部截形至宽楔形，边缘有3～5对羽状深裂，裂片卵状披针形，缘有尖锐重锯齿，上面深绿色，有光泽，下面沿叶脉有疏生短柔毛；叶柄长2～6厘米，无毛。伞房花序具多花，总花梗和花梗均被柔毛，花后脱落；苞片膜质，线状披针形，边缘具腺齿，早落；花直径约1.5厘米；萼筒钟状，长4～5毫米，外面密被灰白色柔毛；萼片三角卵形至披针形，先端渐尖，全缘，约与萼筒等长，无毛；花瓣倒卵形或圆形，白色；雄蕊20，花柱3～5，基部被柔毛。果实近球形，直径1～1.5厘米，深红色，有浅色斑点，内具小核3～5。花期5～6月，果期9～10月。

我国特有的药果兼用树种。山东、陕西、山西、河南、江苏、浙江、辽宁、吉林、黑龙江、内蒙古、河北等地均有分布。果肉薄，味微酸涩，具有降血脂、血压，强心、抗心律不齐等作用，同时也是健脾开胃、消食化滞、活血化痰的良药，对胸膈脾满、疝气、血淤、闭经等症有很好的疗效。

永和县四十里山、扯布山、狗头山阴坡和沟道有零星分布，与金银木、沙棘、黄刺玫等混生。

2016.05.17摄于四十里山

1 花 2 果 3 幼果枝 4 大果山楂

a. 山里红（大果山楂） *Crataegus pinnatifida* var. *major* N.E. Br.

果较大，直 径2.5厘米；叶较大，裂较浅；枝刺少。

永和县交道沟有栽培。管理粗放，特别丰产，是良好的观赏果树。

4

5. 木瓜属 *Chaenomeles* Lindl.

约5种，分布于亚洲东部。我国均产。重要观赏植物和果品。永和县引入栽培1种。

贴梗海棠 *Chaenomeles speciosa* (Sweet) Nakai 又名：皱皮木瓜

落叶灌木，高达2米。枝条直立开展，有刺；小枝圆柱形，紫褐色或黑褐色，无毛；皮孔浅褐色。冬芽三角卵形，先端急尖。叶片卵形至椭圆形，稀长椭圆形，长3～9厘米，宽1.5～5厘米，先端急尖稀圆钝，基部楔形至宽楔形，边缘具有尖锐锯齿；叶柄长约1厘米；托叶大型，肾形或半圆形，稀卵形，长5～10毫米，宽12～20毫米，边缘有尖锐重锯齿，无毛。花先叶开放，3～5朵簇生于二年生老枝上；花梗短粗，长约3毫米或近于无柄；花径3～5厘米；萼筒钟状，外面无毛；萼片直立，外面无毛，全缘或有波状齿；花瓣倒卵形或近圆形，基部延伸成短爪，鲜红色，稀淡红色或白色；雄蕊45～50，长约花瓣之半；花柱5，基部合生，无毛或稍有毛。果实球形或卵球形，直径3～5厘米，黄色或带黄绿色，有稀疏不显明斑点，味芳香；萼片脱落，果梗短或近于无梗。花期4～5月，果期9～10月。

产于我国陕西、甘肃、四川、贵州、云南、广东。温带树种。适应性强，喜光、也耐半阴，耐寒、耐旱。

永和县2007年引入，县政府机关院内和文庙广场有栽植，能正常开花结果。

2015.04.07摄于县政府机关院

1 花 2 果 3 叶

6. 梨属 *Pyrus* L.

约有30种，原产于亚洲、欧洲以至北非，各国皆有分布。我国产14种，分布于各地，以西北、华北最多。永和县2种。

分种检索表

1．叶缘齿尖细刺芒状，向前贴附弯曲；花柱通常4～5；果实绿黄色或黄色，或在阳面有红晕
……………………………………………………………………1. 白梨 ***P. bretschneideri***

1．叶缘具尖锯齿但无细长刺芒；花柱2～3，果实暗褐色；果实小，直径5～12mm
……………………………………………………………………2. 杜梨 ***P. betulaefolia***

杜梨树 2015.04.30摄于辛庄村

1. 白梨 *Pyrus bretschneideri* Rehd. 又名：梨树

落叶乔木，树冠开展，高达5～8米。小枝粗壮，圆柱形，紫褐色，具稀疏皮孔，嫩时密被柔毛，不久脱落。叶片卵形或椭圆卵形，长5～11厘米，宽3～6厘米，先端渐尖，稀急尖，基部宽楔形，稀圆形，边缘有刺芒状锐锯齿；嫩叶紫红绿色，两面均有绒毛，不久脱落，老叶无毛；叶柄长2.5～7厘米，嫩时密被绒毛，后脱落。伞形总状花序，有花6～10朵；总花梗和花梗嫩时有绒毛；萼片三角形，先端渐尖，边缘有腺齿，外面无毛；花瓣卵形，先端常呈啮齿状，基部具有短爪；雄蕊20，长约等于花瓣之半；花柱4～5，与雄蕊近等长，无毛。果实卵形或近球形，径大于2厘米，黄色或绿黄色，萼片脱落。种子倒卵形，微扁，褐色。花期4月，果期8～9月。

分布于我国河北、山西、陕西、甘肃、青海、山东、河南等地。耐寒、耐旱、耐涝、耐盐碱。根系发达，喜光喜温，宜选择土层深厚、排水良好的缓坡山地种植。梨含有多种营养成分，有生津、止渴、润肺、宽肠、强心、利尿等医疗作用，是优质保健果品。

永和县全境均有栽植，并且品质优良。1996年永和县交道沟村种植的酥梨，因皮薄，肉细，酥脆多汁，甘甜爽口，在山西省首届“优质水果展评会”上荣获金奖。

2016.04.11摄于高家塬村

1 花　2 果

1

2

2. 杜梨 *Pyrus betulaefolia* Bge.

落叶乔木，高达10米。树冠开展，树皮灰黑色，枝具刺。小枝嫩时密被灰白色绒毛，后无毛或具稀疏绒毛，紫褐色。冬芽卵形，先端渐尖，外被灰白色绒毛。叶片菱状卵形至长圆卵形，长4~8厘米，宽2.5~3.5厘米，先端渐尖，基部宽楔形，稀近圆形，边缘有粗锐锯齿，幼叶两面均被灰白色绒毛，老叶上面无毛而有光泽，下面微被绒毛或无毛。伞形总状花序，有花10~15朵；总花梗和花梗均被灰白色绒毛；苞片膜质，线形，早落；花直径1.5~2厘米；萼筒外密被灰白色绒毛；萼片三角卵形，先端急尖，全缘，密被绒毛；花瓣宽卵形，先端圆钝，基部具有短爪，白色；雄蕊20，花药紫色，长约花瓣之半；花柱2~3，基部微具毛。果实近球形，直径5~12毫米，褐色，有淡色斑点，萼片脱落。花期4~5月，果期8~9月。

1 花 2 叶 3 果

产于我国辽宁、河北、河南、山东、山西、陕西、甘肃、湖北、江苏、安徽、江西。抗干旱，耐寒冷，通常作各种栽培梨的砧木。木材致密可作各种器物。树皮含鞣质，可提制栲胶并入药。

永和县全境均有分布。耐寒，耐旱，在立地条件较好的地方，呈大乔木；在立地条件较差的地方，呈小乔木或灌木。

7. 苹果属 *Malus* Mill.

约有35种，主要分布于北温带，包括亚洲、欧洲和北美洲。我国约22种，其中16种为我国特有种。永和县7种。

山荆子 2015.05.05摄于田家山沟

分种检索表

1．新生叶鲜红色……………………6. 红宝石海棠 *M.* **'Jewelberry'**
1．新生叶黄绿色……………………2
2．萼片宿存，少数脱落；果实较大，直径多在2厘米以上……………………3
2．萼片脱落；果实较小，直径多在1.5厘米以下……………………5. 山荆子 *M. baccata*
3．萼片先端渐尖，比萼筒长……………………4
3．萼片先端急尖，比萼筒短或等长；果实黄色，梗洼隆起，萼片宿存……………………4. 海棠花 *M. spectabilis*
4．叶缘有钝锯齿；果梗短，果实扁球形或球形，先端常有隆起，萼洼下陷……………………1. 苹果 *M. pumila*
4．叶缘有较尖锐锯齿；果梗较长，果实先端一般无隆起或稍具突起，萼洼微突或微陷……………………5
5．果较大，径3～5厘米；嫩枝和叶下面密被短柔毛……………………2. 花红 *M. asiatica*
5．果较小，嫩枝和叶下面柔毛较少或无毛……………………3. 海棠果 *M. prunifolia*

1. 苹果 *Malus pumila* Mill.

落叶乔木，高达15米。树干灰褐色，老皮有不规则的纵裂或片状剥落。小枝幼时密生绒毛，后变光滑，紫褐色。单叶互生，椭圆形至卵形，长4.9～10厘米，先端尖，缘有圆钝锯齿，幼时两面有毛，后表面光滑，暗绿色。花白色带红晕，径3～5厘米；花梗与花萼均具有灰白色绒毛，萼宿存，雄蕊20，花柱5，大多数品种自花不育，需种植授粉树。果为略扁球形，径5厘米以上，两端均凹陷。花期4～5月，果期7～11月。

原产欧洲、亚洲以及我国新疆。变种、变形栽培的品种有千种以上。

永和县1960年引入后，现在栽培面积约1万余亩。主栽品种红富士等。由于永和县昼夜温差大，果品质量较高，深受消费者欢迎。

1 花　2 果

2. 花红 *Malus asiatica* Nakai 本地名：小果子

小乔木，高7米。树冠开张，树皮灰褐色。嫩枝密被柔毛，成枝暗紫褐色，无毛。冬芽卵形，先端急尖，灰红色。叶片卵形或椭圆形，长5～10厘米，宽4～5厘米，先端急尖或渐尖，基部圆形或宽楔形，边缘有细锐锯齿，上面有短柔毛或近无毛，下面密被短柔毛；叶柄长1～5厘米，具短柔毛；托叶小，早落。伞房花序，具花4～7朵；花梗长密被柔毛；花直径3～4厘米；萼筒钟状，外面密被柔毛；萼片三角披针形，先端渐尖，全缘，密被柔毛，萼片比萼筒稍长；花瓣倒卵形或长圆倒卵形，基部有短爪，淡粉色；雄蕊17～20，花柱4～5，基部具长绒毛。果实卵形或近球形，略扁，直径3～5厘米，黄色或艳红色，先端不具隆起，萼洼微陷，萼片宿存肥厚，梗洼较深。花期4～5月，果期8～9月。

1 花　2 果

原产于我国西北，品种类型繁多，华北各地都有栽培。喜光，耐寒，耐干旱，亦耐水湿及盐碱。适生范围广，在土壤排水良好的坡地生长尤佳。

永和县沿黄河村庄有零星栽培，具有很好的品质和丰产性。

2015.08.14摄于冯家塬村

2a. 槟子 *Malus pumila* var. *rini* (Kodz.) Asami 本地名：沙果子

形态近花红。果实较大，径5厘米以上，卵圆形，果熟呈紫红色。永和县乌华村有栽培，果实品相好，有浓香，但口感较差，现在无大量栽植。

1 花 2 果 3树干

2015.08.19摄于乌华村

3. 海棠果 *Malus prunifolia* (Wild.) Borkh. 又名：楸子

落叶乔木，高3～8米。树皮灰褐色或暗褐色，有纵裂缝。幼枝具纵条纹。叶片厚革质，宽椭圆形或倒卵状椭圆形，稀长圆形，长8～15厘米，宽4～8厘米，顶端圆或微缺，基部钝圆或宽楔形，两面具光泽；叶柄细，长1～5厘米。花序近伞形，有花4～10朵；花两性，花瓣倒卵形或椭圆形，白色，微香，蕾时粉红色；花梗长2～3.5厘米；萼筒外面被柔毛；萼片披针形或三角披针形，先端渐尖，全缘，两面均被柔毛；雄蕊20，花柱4～5，基部有长绒毛，比雄蕊较长。果实卵形至近圆球形，直径2～2.5厘米，红色，果梗细长。花期4～5月，果期9～10月。

原产于我国，现主要分布在华北、东北南部，内蒙古及西北。耐干旱、盐碱、贫瘠，抗风性强。永和县有零星栽植。

1 花 2 果枝 3 果

1

2

3

4. 海棠花 *Malus spectabilis* (Ait.) Borkh.

又名：海棠

落叶乔木，高达8米。枝直立粗壮，圆柱形，幼时具短柔毛，逐渐脱落，老时红褐色或紫褐色，无毛。冬芽卵形，紫褐色，有数枚外露鳞片。叶片椭圆形至长椭圆形，长5～8厘米，宽2～3厘米，先端短渐尖或圆钝，基部宽楔形或近圆形，边缘有紧贴细锯齿，或近于全缘，幼嫩时上下两面具稀疏短柔毛，老叶无毛；叶柄长1.5～3厘米，具短柔毛；托叶膜质，窄披针形，全缘，内面具长柔毛。花序近伞形，有花4～6朵，花径4～5厘米；萼筒外面无毛或有白色绒毛；萼片三角卵形，比萼筒短或近等长；花瓣卵形，基部有短爪，白色，蕾时呈粉红色；雄蕊20～25枚；花柱5，稀4，基部有白色绒色。果实近球形，直径1.5～2厘米，黄色，萼片宿存，梗洼隆起；果梗细长，先端肥厚，长3～4厘米。花期4～5月，果期8～9月。

产于我国河北、山东、陕西、江苏、浙江、云南等省。喜光，不耐阴，对严寒及干旱气候有较强的适应性，忌水湿。

永和县2007年引入绿化，县政府机关院内有栽植，生长良好。

1 花　2 果　3 叶

2015.04.19摄于县政府机关院

5. 山荆子 *Malus baccata* (L.) Barkn.

落叶乔木，高10米。树皮灰褐色，新梢黄褐色，无毛。叶片椭圆形，先端渐尖，基部楔形，叶缘锯齿细锐。伞形花序，无总梗，4～6朵集生在短枝顶端；花白色，花柱5或4，基部有长柔毛。果近球形，直径0.8～1厘米，红色或黄红色，萼片脱落，具萼洼及梗洼，果柄长3～4厘米。花期4～5月，果期9～10月。

产于我国辽宁、吉林、黑龙江、内蒙古、河北、山西、山东、陕西、甘肃。分布于蒙古、朝鲜、俄罗斯西伯利亚等地。喜光，抗寒，耐瘠薄。

永和县四十里山沟道有零星分布，生长良好，春季白花浪漫，秋季果实累累。

1 花 2 果 3 叶

1

2

3

2015.12.30摄于田家山沟

6. 红宝石海棠 *Malus* 'Jewelberry'

落叶小乔木，高3米，冠幅3.5米。树干及主枝直立，小枝纤细；皮棕红色，块状剥落。叶长椭圆形，锯齿尖，先端渐尖，密被柔毛，新生叶鲜红色，叶面光滑细腻，润泽鲜亮，28～35天后由红变绿，此时新发出的叶又是鲜红色，整个生长季节红绿交织。花为伞形总状花序，花蕾粉红色，花瓣呈粉红色至玫瑰红色，多为5片以上，半重瓣或者重瓣，花瓣较小，初开皱缩，直径3厘米。果实亮红色，直径0.75厘米。花期4月，果熟期8月。

从美国引种，是集叶、花、果、枝、树形同观共赏的绿化、彩化树种。适应性很强，耐寒冷，耐修剪。

永和县2007年引入，县政府机关院内有栽植。

1 花　2 果　3 叶

2015.04.19摄于县政府机关院

Ⅲ. 蔷薇亚科 Rosoideae

灌木或草本，复叶，稀单叶，有托叶。心皮常多数，离生，各具1～2悬垂或直立胚珠；子房上位；瘦果，生于膨大肉质的花托内或花托上，成熟时花托肉质或干硬。

34属。我国产19属。永和县2属。

分属检索表

1．瘦果，生于杯状或壶状花托内，花托成熟时肉质而有色泽……8. 蔷薇属 *Rosa*

1．聚合小核果，生于隆起成半球形或圆锥形的花托上……9. 悬钩子属 *Rubus*

8. 蔷薇属 *Rosa* L.

约有200种，多数是世界著名的观赏植物，广泛分布亚、欧、北非、北美各洲寒温带至亚热带地区。我国产91种，是野生蔷薇的主要分布区之一。永和县5种。

分种检索表

1．藤本状，花多数，排成圆锥状伞房花序……1. 多花蔷薇 *R. multiflora*

1．直立非藤本状，花单生或数朵集生枝顶……2

2．花柱外伸，长约为雄蕊之半；小叶通常3～5（9）……2. 月季 *R. chinensis*

2．花柱不外伸；小叶5～11……3

3．花黄色，茎刺无绒毛……4. 黄刺玫 *R. xanthine*

3．花红色，茎刺具绒毛……3. 玫瑰 *R. rugosa*

1. 多花蔷薇 *Rosa multiflora* Thunb. 又名：十姐妹花

灌木，高1～2米。枝细长，有钩状皮刺，圆柱形，无毛。奇数羽状复叶，互生，小叶5～9；小叶片倒卵形、长圆形或卵形，长1.5～3厘米，宽8～20毫米，先端急尖或圆钝，基部近圆形或楔形，边缘有尖锐单锯齿，稀混有重锯齿；小叶柄和叶轴有柔毛或无毛，有散生腺毛；托叶篦齿状，贴生于叶柄，边缘有或无腺毛。花多数，排成圆锥状伞房花序，花梗长1.5～2.5厘米，无毛或有腺毛；花直径2～3厘米；萼片卵圆披针形，外面无毛；花瓣白色，芳香；花柱伸出花托口，结合成柱状，无毛，比雄蕊稍长。果近球形，直径8毫米，红褐色，有光泽，无毛，萼片脱落。花期5～6月，果期9～10月。

分布于华北、西北、华东、华中及西南。喜光，耐寒，耐旱，耐水湿，对土壤要求不严。

永和县2007年引入，城区绿化有栽植。

多花蔷薇 2016.05.15摄于城区

粉团蔷薇 2016.05.24摄于城区

1a. 粉团蔷薇 *Rosa multiflora* var. *cathayensis* Rehd. et Wils.

花红色，径2～3厘米，单瓣；少数至多花，成扁平的伞房花序。

2. 月季 *Rosa chinensis* Jacq.

直立灌木，高1～2米。小枝粗壮，圆柱形，有短粗的钩状皮刺。小叶3～5，稀7，宽卵形至卵状长圆形，长2.5～6厘米，宽1～3厘米，先端长渐尖或渐尖，基部近圆形或宽楔形，边缘有锐锯齿，两面近无毛，上面暗绿色，常带光泽，下面颜色较浅，顶生小叶有柄，侧生小叶近无柄，总叶柄较长，有散生皮刺和腺毛；托叶大部贴生于叶柄，仅顶端分离部分成耳状，边缘常有腺毛。花数朵集生，稀单生；花梗近无毛或有腺毛；萼片卵形，先端尾状渐尖，有时呈叶状，边缘常有羽状裂片，稀全缘，外面无毛；花瓣重瓣至半重瓣，红色、粉红色至白色，倒卵形，先端有凹缺；花柱离生，伸出萼筒口外，约为雄蕊一半。果卵球形或梨形，长1～2厘米，红色，萼片脱落。花期4～10月，果期9～11月。

我国是月季的原产地之一，品种有千种以上。花容秀美，姿色多样，四时常开，深受人们的喜爱。华南、华东、华中、西北、西南等地普遍栽培。性喜温暖、日照充足、空气流通的环境。

永和县庭院栽培较多。

2015.05.20摄于东征村

1

2

1 果　2 3 花

3

3. 玫瑰

***Rosa rugosa* Thunb.**

直立灌木，高2米。茎粗壮，丛生。小枝密被绒毛，具皮刺、针刺和腺毛。羽状复叶，小叶5～9；小叶片椭圆形或椭圆状倒卵形，长1.5～5厘米，宽1～2厘米，先端急尖或圆钝，基部圆形或宽楔形，边缘有尖锐锯齿，上面暗绿色，无毛，叶脉下陷，有褶皱，下面灰绿色，中脉突起，网脉明显，密被绒毛和腺体；叶柄和叶轴密被绒毛和刺毛；托叶大部贴生于叶柄，下面被绒毛。花单生于叶腋，或数朵簇生；苞片卵形，边缘有腺毛，外被绒毛；花梗密被绒毛和腺毛；花径6～8厘米；萼片卵状披针形，先端尾状尖，常扩展成叶状，全缘；花瓣倒卵形，重瓣至半重瓣，芳香，紫红色至白色；花柱离生，被毛，稍伸出萼筒口外。果扁球形，直径2～2.5厘米，红色，肉质，平滑，萼片宿存。花期5～6月，果期8～9月。

原产于我国。在我国华北、西北和西南，日本、朝鲜等地均有分布。喜光，耐寒，耐旱，对土壤要求不严。萌蘖性强。

永和县城区和坡头乡有栽植。

1 花　2 枝刺

4. 黄刺玫 *Rosa xanthina* f. *normalis* Rehd. et Wils. 本地名：马茹子

直立灌木，高2～3米。枝粗壮，密集，披散；小枝无毛，有散生皮刺，无针刺。羽状复叶，小叶7～13；小叶宽卵形或近圆形，稀椭圆形，先端圆钝，基部宽楔形或近圆形，边缘有圆钝锯齿，上面无毛，幼嫩时下面有稀疏柔毛，逐渐脱落；叶轴、叶柄有稀疏柔毛和小皮刺；托叶贴生于叶柄，边缘有锯齿。花单生于叶腋，单瓣，无苞片；花梗无毛；花径4厘米；萼筒、萼片外面无毛，萼片披针形，全缘；花瓣黄色，宽倒卵形，先端微凹，基部宽楔形；花柱离生，被长柔毛，稍伸出萼筒口外部。果近球形，紫褐色或黑褐色，直径1厘米，无毛。花期4～6月，果期7～8月。

分布于我国吉林、辽宁、内蒙古、河北、山西、陕西、甘肃、青海等省区。喜光，稍耐阴，耐旱，耐寒，对土壤要求不严。

永和县四十里山、扯布山、狗头山阳坡有片状分布。

1

2

3

1 花
2 果枝
3 枝刺

9. 悬钩子属 *Rubus* L. 又名：树莓属

约500余种，主要分布在北半球温带，有少数生长在热带和南半球。我国约150种，产于南北各省区。永和县1种。

茅 莓 *Rubus parvifolius* L. 本地名：蛇茹茹

灌木，枝呈弓形弯曲，长1～2米。枝被柔毛和稀疏钩状皮刺。奇数复叶，小叶3枚，稀5枚，菱状圆形或倒卵形，长2.5～6厘米，宽2～6厘米，顶端圆钝或急尖，基部圆形或宽楔形，上面伏生疏柔毛，下面密被灰白色绒毛，边缘有不整齐粗锯齿或缺刻状粗重锯齿，常具浅裂片；叶柄被柔毛和稀疏小皮刺；托叶线形，长约5～7毫米，具柔毛。伞房花序顶生或腋生，具花3～10朵；总花梗和花梗具柔毛和稀疏小皮刺；苞片线形，有柔毛；花萼外面密被柔毛和疏密不等的针刺；萼片卵状披针形或披针形，顶端渐尖，有时条裂，在花果时均直立开展；花瓣卵圆形或长圆形，粉红至紫红色，基部具爪；雄蕊花丝白色，稍短于花瓣；子房具柔毛。果实卵球形，红色，无毛或具稀疏柔毛。花期5～6月，果期7～8月。

分布于东北、华北、西北及长江流域各地。喜温暖气候，耐热、耐寒。

永和县全境均有分布，主要生长在地埂地畔。

Ⅳ. 李亚科 Prunoideae

乔木或灌木。有时具刺。单叶，有托叶。花单生，伞形或总状花序；花瓣常白色或粉红色，稀缺；雄蕊10至多数；心皮1，稀2～5，子房上位，1室，内含2悬垂胚珠；果实为核果，含1稀2种子，外果皮和中果皮肉质，内果皮骨质，成熟时多不裂开或极稀裂开。

本亚科共有10属。我国产9属。永和县5属。

杏树秋色 2015.10.28摄于李塬里村后山

分属检索表

1．灌木，有刺；枝条髓心呈薄片状；花柱侧生 .... 10. 扁核木属 *Prinsepia*

1．乔木或灌木，多无刺；枝条髓心充实；花柱顶生 2

2．果实无纵沟，不被蜡状白粉，且常无毛；幼叶在芽内对折 .... 14. 樱属 *Cerasus*

2．果实有纵沟，被蜡状白粉或有毛；幼叶在芽内席卷状或对折 3

3．具顶芽，腋芽3个并生，两侧为花芽，中间为叶芽；幼叶在芽内对折 .... 13. 桃属 *Amygdalus*

3．无顶芽，腋芽单生或并生；花单生或2～3花簇生；幼叶在芽内席卷状 4

4．子房及果实被短柔毛；花先叶开放，梗极短或近无梗 .... 11. 杏属 *Armeniaca*

4．子房及果实无毛，常被蜡状白粉；花与叶同放 .... 12. 李属 *Prunus*

10. 扁核木属 *Prinsepia* Royie

4种，我国全产。永和县1种。

扁核木 *Prinsepia uniflora* Batal. 本地名：茹茹

落叶灌木，高1.5米。枝灰褐色，髓心片状；小枝灰绿色，枝刺6～15毫米，近无毛。单叶互生，多簇生，条状圆形至狭矩圆形，长2.5～5厘米，宽6～14毫米，先端圆钝有短尖头，基部宽楔形，全缘或有浅锯齿，两面均无毛；叶近无柄。花单生或2～3簇生；花梗无毛；萼筒杯状，无毛，外面被褐色短柔毛；萼片三角状卵形，全缘或有浅齿；花瓣白色，倒卵形，先端圆；雄蕊10，离生，2轮，花丝短，生在萼筒上；子房椭圆形，心皮1，无毛，花柱侧生。核果近球形，径1～1.5厘米，暗紫红或黑紫色，被白粉；果核宽卵形，两侧扁，有网纹。花期4～5月，果熟期7月。

分布于我国内蒙古、陕西、山西、甘肃、河南、江苏、四川、浙江等地。喜光、耐寒，深根性，忌水湿。果可食，仁有药用。

永和县全境均有分布，特别耐干旱、瘠薄。坡头乡柳沟村分布较多，主要生长在地埂、地畔。

1 花　2 花枝　3 4 果

2015.07.20摄于柳沟村

11. 杏属 *Armeniaca* Mill.

约8种，分布于东亚、中亚、小亚细亚和高加索。我国有7种，以黄河流域各省为分布中心，淮河以南杏树栽植较少。永和县2种。

杏树王 2016.04.07摄于大凤圪堆

杏 *Armeniaca vulgaris* Lam.

落叶乔木，高10米。树皮黑褐色，不规则纵裂。小枝无毛，红褐色。叶片卵形或近圆形，长5～9厘米，宽4～8厘米，先端短渐尖至尾尖，基部圆形至近心形，叶边有细钝锯齿，两面无毛，稀下面脉腋间具短柔毛；叶柄长2～3厘米，带红色，无毛，有腺体。花单生，直径2～3厘米，先叶开放；花梗极短；花萼紫绿色，萼筒圆筒形；萼片长圆状椭圆形，花后反折；花瓣近圆形或倒卵形，白色或粉红色；雄蕊多数；子房被短柔毛。核果球形，直径2～3厘米，黄色或橘红色，有时具红晕，被短柔毛，成熟时不开裂；核卵形或椭圆形，较平滑，沿腹缝线有沟。种仁味苦或甜。花期3～4月，果期6～7月。

原产于我国新疆，现以华北、西北和华东地区种植较多。世界各地也均有栽培。喜光，耐寒，耐干旱瘠薄，适应性强。

永和县全境均有分布。桑壁镇大凤圪堆村有胸径1米、树龄上百年的古树，依然开花结果。在山区，杏树常与黄刺玫、丁香、水栒子、虎榛子、红花锦鸡儿、秦晋锦鸡儿、春榆、暴马丁香、绣线菊等组成群落。每到春季杏花盛开，景色十分壮观；每到秋季杏叶红遍，景色更加秀丽。

a. 山杏 *Armeniaca vulgaris* var. *ansu* Maxim. 本地名：柴杏

与原种区别是：枝刺明显，叶较小，长4～5厘米，宽3～4厘米，基部圆楔形；花2朵并生，稀3朵簇生，淡红色。果实较小，径约2厘米，果肉薄；果核网纹明显，棱脊锐。永和县广为分布。

1 3 杏花　2 杏果　4 山杏果　5 山杏枝刺

3

1

4

2

5

12. 李属 *Prunus* L.

有30多种，主要分布于北温带。我国7种，各地均有分布或栽培。永和县3种。

分种检索表

1. 花3朵簇生；叶椭圆状倒卵形或倒卵圆形 .... 1. 李 ***P. salicina***
1. 花常单生，或2～3朵簇生 2
2. 叶紫红色，椭圆形或卵圆形至倒卵形；当年生枝条木质部白色 .... 2. 紫叶李 ***P. cerasifera* f. *atropurpurea***
2. 叶面红色或紫色，长卵形或卵状长椭圆形；当年生枝条木质部红色 .... 3. 紫叶矮樱 ***P. × cistena* (*Prunus × cistena* 'Crimson Dwarf')**

李树　2015.04.03摄于定家塬村

1. 李 *Prunus salicina* Linal.

本地名：桃李子

落叶乔木，高12米。树冠广圆形，树皮灰黑色，粗糙，纵裂。老枝紫褐色或红褐色，小枝红褐色，无毛。冬芽卵圆形，红紫色，有数枚覆瓦状排列鳞片。叶片长圆倒卵形、长椭圆形，稀长圆卵形，长5～10厘米，宽3～4厘米，先端渐尖、急尖或短尾尖，基部楔形，边缘有圆钝重锯齿；托叶膜质，线形，先端渐尖，边缘有腺，早落；叶柄长1～2厘米，无毛。花3朵并生；花梗1～2厘米，无毛；花直径1.5～2厘米；萼筒钟状；萼片三角状卵形，无毛；花瓣白色，矩圆状倒卵形；雄蕊30，与花瓣近等长；雌蕊1，柱头盘状，花柱比雄蕊稍长。核果球形、卵球形或近圆锥形，直径4～7厘米，绿色、黄色、红色或紫色，梗凹陷入，顶端微尖，基部有纵沟，外被蜡粉；核卵圆形或长圆形，有皱纹。花期3～4月，果期7～8月。

我国及世界各地均有栽培，为重要温带果树之一。果实饱满圆润，玲珑剔透，形态美艳，口味甘甜，抗氧化剂含量高，堪称是抗衰老、防疾病的“超级水果”。

永和县栽培较广，是优质水果之一。

1 幼果　2 果　3 花枝

2. 紫叶李 *Prunus cerasifera* f. *atropurpurea* (Jacq.) Rehd.

灌木或小乔木，高达8米。树皮近紫色，枝条细长，有时具刺；小枝暗紫色，无毛。叶片椭圆形、卵形或倒卵形，长5～7厘米，宽2.5～4厘米，先端急尖，基部楔形或近圆形，边缘有细锯齿，两面均为紫红色，下面沿中脉有柔毛；叶柄长1厘米，无毛，无腺。花单生或2～3簇生，花径2～2.5厘米；花梗长1～2.2厘米；花瓣淡粉红色；雄蕊多数。核果近球形，直径2～3厘米，暗红色。花期4～5月，果期7～8月。

原产于亚洲西部。永和县2007年引入，县城文庙广场、国家黄河蛇曲地质公园景区有栽培。

1 花　2 果

2015.09.28摄于乾坤湾景区

3. 紫叶矮樱 *Prunus* × *cistena* (*Prunus* × *cistena* 'Crimson Dwarf')（紫叶李×矮樱）

落叶灌木或小乔木，高达2.5米左右。枝条幼时紫褐色，通常无毛，老枝有皮孔，分布整个枝条。叶长卵形或卵状长椭圆形，长4～8厘米，先端渐尖，叶基部广楔形，叶缘有不整齐的细钝齿，叶面红色或紫色，新叶顶端鲜紫红色。当年生枝条木质部红色。花单生，中等偏小，淡粉红色，花瓣5片，微香，雄蕊多数，单雌蕊。花期4～5月，果期5月。

我国华北、华中、华东、华南等地均宜栽培。喜光，耐寒，耐阴，忌涝。

永和县2007引入，国家黄河蛇曲地质公园有栽培。

1 果
2 花

紫叶矮樱（左）紫叶李（右）比较

13. 桃属 *Amygdalus* L.

约40多种，分布于亚洲中部至地中海地区，栽培品种广泛分布于寒温带、暖温带至亚热带地区。我国有12种，主产于西部和西北部，栽培品种我国各地均有。永和县6种。

分种检索表

1．果核无穴孔，具宽而浅的纵沟纹，果核近球形，两端圆，稍有皱纹 ………………………… 3. **榆叶梅** ***A. triloba***

1．果核具沟纹和穴孔 ……………………………………………………………………………………………… 2

2．叶锯齿钝或尖，叶柄较粗，顶端常具腺体，稀叶基两侧具腺体；萼片被毛；果核两侧扁平，先端尖 ……………………………………………………………………………………………… 1. **桃** ***A. persica***

2．叶具尖锯齿，叶柄细，先端常无腺体，叶基两侧具腺体；萼片外面无毛；果核近球形，两侧稍扁，两端钝 ……………………………………………………………………………………… 2. **山桃** ***A. davidiana***

山桃林　2015.03.26摄于扯布山

1. 桃 *Amygdalus persica* L.

落叶乔木，高4～8米。树皮暗紫红色、光滑，老皮粗糙呈鳞片状裂。枝红褐色，幼时绿色，阳面红色。叶片上面无毛，狭卵状披针形或椭圆状披针形，先端长渐尖，基部宽楔形，缘有细钝锯齿；羽状脉7～12对；叶柄粗壮，无毛。花单生，先叶开放；花梗极短，无毛；花瓣倒卵形或近圆形，淡粉红色或白色；基部具短爪；雄蕊约30枚，比花瓣稍短；雌蕊1，花柱与雄蕊等长，子房密被柔毛。核果卵球形，先端圆钝或微尖，密被短柔毛，成熟时绿色或黄白色，常具红晕；果肉多汁，离核或黏核，果核具沟纹。花期4～5月，果期6～11月。

原产于我国，种类繁多，各地都可种植。永和县乡村主栽水果之一。

2015.04.10摄于交口

1 花　2 果、叶

1

2

1a. 碧 桃 *Amygdalus persica* f. *duplex* Rehd. 又名：千叶桃花

桃树的一个变种。落叶小乔木，高可达8米，一般整形后控制在3～4米。小枝红褐色，无毛；叶椭圆状披针形，长7～15厘米，先端渐尖。花单生或两朵生于叶腋，单瓣或重瓣，粉红色。核果球形，果皮有短茸毛。花期4～5月，果期8～10月。

原产于我国，分布在西北、华北、华东、西南等地。属于观赏桃花类。世界各国均有引种栽培。

永和县2007年引入，县政府机关院内有栽植。喜光、耐旱，耐寒能力不如桃。

1 花　2 果、叶

1

2

1b. 紫叶碧桃 *Amygdalus persica* f. *atropurpurea* Schneid.

碧桃的一个变异品种。落叶小乔木，高3～5米。树皮灰褐色，小枝红褐色。单叶互生，叶片卵圆状披针形，幼叶鲜红色。花重瓣、桃红色。核果球形，果皮有短茸毛，内有蜜汁。先花后叶，烂漫芳菲，妩媚可爱，是优良的观花树种。花期4～5月，果期为6～8月。

永和县2007年引入，县政府院内有栽植。

1 花　2 果

1

2

2015.10.01摄于县政府机关院

2. 山桃 *Amygdalus davidiana* (Carr.) C. de Vos ex Henry

落叶乔木，高可达10米。树皮暗紫色，光滑，老时纸质剥落。小枝褐色，直立，无毛。叶片卵状披针形，长6～13厘米，宽1.5～4厘米，先端渐尖，基部楔形，两面无毛，叶缘具细锐锯齿；叶柄长1～2厘米，无毛，叶基两侧具腺体。花单生，先叶开放，直径2～3厘米，近无梗；萼筒钟形，无毛，萼片卵形；花瓣倒卵形或近圆形，粉红色或白色；雄蕊多数；子房被柔毛，花柱长于雄蕊或近等长。核果球形，直径2～3厘米，淡黄色，外面密被短柔毛，果梗短而深入果洼；果肉薄而干，成熟时不裂；核球形或近球形，两侧稍扁，表面具沟纹和孔穴，与果肉分离。花期3～4月，果期8月。

分布于我国黄河流域、内蒙古及东北南部，西北也有，多生于向阳的石灰岩山地。喜光，耐寒，对土壤适应性强，耐干旱、瘠薄，怕涝。

永和县扯布山、狗头山有片状分布，多生长于土石山区阳坡，常与华北丁香、旱榆、小叶鼠李等形成群落。是优质水保经济林树种之一。

1

2

1 花
2 果、叶

2015.03.26摄于扯布山

3. 榆叶梅

Amygdalus triloba (Lindl.) Ricker

落叶灌木，高2～5米。树皮深紫色，浅裂或皱皮状剥落。小枝紫褐色或褐色，无毛或幼时微被短柔毛。叶宽椭圆形至倒卵形，先端短渐尖、急尖、有时3裂，基部宽楔形，缘具粗重锯齿。花单生或2朵并生，先叶开放，径2～3厘米；花梗短；萼筒宽钟形；萼片卵形或卵状披针形，无毛；花瓣近圆形或宽倒卵形，粉红色；雄蕊约30，短于花瓣；子房密被短柔毛，花柱稍长于雄蕊。核果近球形，直径1～1.5厘米，红色，外被短柔毛；果梗长5～10毫米；果肉薄，成熟时开裂；核近球形，具厚硬壳，表面具皱纹。花期3～4月，果期7～8月。

全国多数公园内均有栽植。喜光、稍耐阴，耐寒，能在-35℃下越冬。对土壤要求不严。根系发达，耐旱力强，不耐涝。抗病力强。

永和县国家黄河蛇曲地质公园景区有栽植。

3a. 重瓣榆叶梅

Amygdalus triloba var. *plena* Dipp

花含苞未开放时呈球形，花重瓣，粉红色，萼裂片10枚，花梗比萼筒长。永和县城区有栽植。

1 2 单瓣花、果　　3 4 重瓣花、果

14. 樱属 *Cerasus* Mill.

有100余种，分布于北半球温和地带，亚洲、欧洲至北美洲。主要种类分布在我国西部和西南部以及日本和朝鲜。永和县3种。

分种检索表

1. 腋芽3个并生，中间为叶芽，两侧为花芽；花单生，或2朵簇生 …………………………… 3. 毛樱桃 *C. tomentosa*

1. 腋芽单生，伞形、伞房、短总状或伞形总状花序 …………………………………………………………………… 2

2. 叶缘多具芒状单锯齿，或重锯齿；伞房总状花序，果紫黑色
…………………………………………………………………………… 1. 日本晚樱 *C. serrulata* var. *lannesiana*

2. 叶缘不为芒状锯齿，重锯齿尖锐多有腺；伞房状或近伞形花序，果红色或黄色
…………………………………………………………………………………………………… 2. 樱桃 *C. pseudocerasus*

毛樱桃 2015.04.03摄于定家塬村

1. 日本晚樱 *Cerasus serrulata* var. *lannesiana* (Carr.) Makino

落叶乔木，高10～25米。树皮灰褐色或灰黑色，有唇形皮孔。小枝、冬芽无毛。叶片卵状椭圆形或倒卵椭圆形，长4～9厘米，宽3～5厘米，先端渐尖，基部圆形，具长芒状单锯齿及重锯齿，齿尖有小腺体，两面无毛，侧脉5～8对；叶柄无毛，先端具腺体2～4；托叶条形，早落。花与叶同时开放，伞房状总状花序；总苞片褐色，外面无毛；花梗无毛或被极稀疏柔毛；萼筒管状，萼片卵形，全缘；花瓣白色或粉红色，倒卵形，先端下凹；雄蕊多数；花柱与子房无毛。核果球形或卵球形，紫黑色。花期4～5月，果期6～7月。

原产于日本。我国各地栽培供观赏。浅根性树种，喜阳光、深厚肥沃而排水良好的土壤，有一定的耐寒能力。

永和县2007年引入，城区有栽植。

1 叶　2 花

1

2

2015.04.21摄于县政府机关院

2. 樱桃 *Cerasus pseudocerasus* (Lindl.) G. Don

乔木，高8米。树皮灰褐色或紫褐色，具横皮孔和条纹。小枝褐色，嫩枝绿色，无毛或被疏柔毛。冬芽圆锥形，无毛。叶片卵形或长圆状卵形，长6～15厘米，宽3～8厘米，先端渐尖或尾尖，基部圆形或宽楔形，边有尖锐重锯齿，齿端有小腺体，上面暗绿色，近无毛，下面淡绿色，沿脉或脉间有稀疏柔毛，侧脉9～11对；叶柄具柔毛，先端具1～2腺体；托叶早落，披针形，有羽裂腺齿。花序伞房状或近伞形，有花3～6朵，先叶开放；花梗长0.8～1.9厘米，具柔毛；萼筒钟状，被柔毛；萼片三角状卵圆形或卵状长圆形，先端急尖或钝；花瓣白色或粉红色，卵圆形，先端下凹或二裂；雄蕊30～35枚，花柱与雄蕊无毛。核果近球形，红色或黄色。花期3～4月，果期5～6月。

产于辽宁、河北、陕西、甘肃、山东、河南、江苏、浙江、江西、四川。喜光、喜温、喜湿、喜肥的果树。

永和县下刘台村2006年引入栽植，生长良好。

1 花 2 果

2015.06.01摄于下刘台村

3. 毛樱桃 *Cerasus tomentosa* (Thunb.) Wall.

落叶灌木，高3米。树皮深灰黑色。小枝灰褐色，嫩枝密被绒毛。冬芽卵形，疏被短柔毛。叶卵状椭圆形或倒卵状椭圆形，长3～6厘米，宽2～3.5厘米，先端急尖或渐尖，基部楔形，边有急尖或粗锐锯齿，上面被疏柔毛，下面密被灰色绒毛，侧脉4～7对；叶柄被绒毛；托叶线形，被长柔毛。花单生或2朵簇生，花叶同开，或先叶开放；花梗短或近无梗；萼筒管状或杯状，外被短柔毛或无毛；萼片三角卵形，外被短柔毛；花瓣白色或粉红色，倒卵形，先端圆钝；雄蕊20～25枚，短于花瓣；花柱伸出，与雄蕊近等长或稍长；子房被毛。核果近球形，红色，径1厘米，微被毛或无毛。花期4月，果期6月。

原产于我国，主产华北、东北，西南地区，多作观赏花木用。喜光，耐阴、耐寒、耐旱，耐高温，适应性极强，寿命较长。田梗、果园周边均可生长，能充分利用耕地美化周边环境 。

永和县狗头山北侧李塬里村、定家塬村有自然分布，生长良好。

1 花枝　2 花

2015.06.06摄于李塬里村

21. 豆科 Leguminosae

草本、灌木或乔木，或藤本。羽状复叶、三出复叶或单叶；互生，稀对生或轮生；具托叶。花两性，稀单性，辐射对称或两侧对称，排成总状花序、聚伞花序、穗状花序、头状花序或圆锥花序；花被2轮；萼片5，连合或分离；花冠多为蝶形，花瓣5，分离，常不相等；雄蕊10枚或多数，稀5，花丝结合或分离，花药同形或异形，2室，纵裂；雌蕊含1心皮，子房上位，1室，胚珠1至多数。果为荚果，成熟后沿缝线开裂或不裂，或断裂成含单粒种子的荚节。种子通常具革质种皮，无胚乳或极薄，子叶叶状或肉质。

约680属17600种，广布于全球。我国约150属1200余种，分布于各地。永和县10属19种。

根据花的形态不同，常分为3个亚科。

分亚科检索表

1．花辐射对称；花瓣镊合状排列，中下部常合生；雄蕊5、10或多数；常为二回羽状复叶
……………………………………………………1. 含羞草亚科 **Mimosaceae**

1．花两侧对称；花瓣覆瓦状排列；雄蕊通常10个；一回羽状复叶或3小叶，稀单叶……………2

2．花冠不为蝶形，最上一瓣在最里面，其他花瓣相似；雄蕊常分离
……………………………………………………2. 云实亚科 **Caesalpiniaceae**

2．花冠蝶形，最上一瓣（旗瓣）在最外面，其他4瓣成对生的2对；雄蕊常边合
……………………………………………………3. 蝶形花亚科 **Papilionoideae**

Ⅰ. 含羞草亚科 Mimosaceae

乔木或灌木，稀草本。叶为二回羽状复叶，稀一回羽状复叶，小叶对生。花两性或杂性，辐射对称，排成穗状花序或头状花序；萼片5，稀3、4或6，镊合状排列；花瓣与萼片同数，镊合状排列；雄蕊通常与花冠裂片同数，或为其倍数或多数，分离或下部合生；花药2室，纵裂；子房1室，有多数胚珠。荚果，开裂或不开裂。种子有时有假种皮，子叶扁平。

分布于全世界热带、亚热带地区，少数分布于温带地区。我国8属约36种，主产于西南部至东南部。永和县1属1种。

1. 合欢属 *Albizia* Durazz.

约100种，分布于亚洲、非洲及大洋洲的热带和亚热带。我国13种。永和县引入1种。

合欢树 *Albizia julibrissin* Durazz. 又名：绒花树

落叶乔木，高达16米。树冠开展，树皮浅灰色，不裂或浅裂。小枝褐色无毛，带棱角。二回偶数羽状复叶，4～12对。小叶10～30对，镰形或条形，长6～12毫米，先端急尖，基部圆楔形，夜间闭合；中脉紧靠上边缘。头状花序，多数呈伞房状排列，顶生或腋生；花粉红色；花萼管状；花冠裂片三角形，花萼、花冠外均被

1

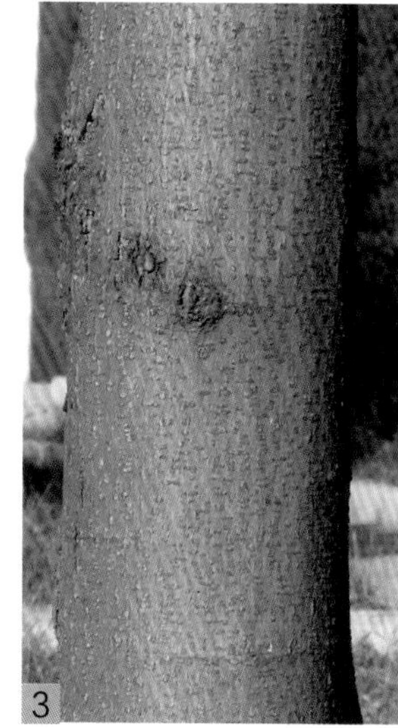
3

1 花
2 果
3 树干

2

短柔毛。荚果带状，嫩荚有柔毛，老荚无毛。花期6～7月，果期8～10月。

我国东北至华南及西南部各省区有分布或栽培。非洲、中亚至东亚均有分布；北美亦有栽培。喜光树种，喜欢温暖湿润的气候环境；在砂质土壤上生长较好，怕水涝和阴湿积水。

永和县2007年引入庭院和道路绿化栽植，生长良好。花形似绒球，清香袭人；叶日落而合，日出而展。植于庭园水池畔或作绿荫树、行道树，给人美好的意境。

Ⅱ. 云实亚科 Caesalpiniaceae

乔木或灌木，有时为藤本，很少草本。叶互生，一回或二回羽状复叶，稀为单叶；托叶小或缺。花小，两性，通常两侧对称，组成腋生总状花序或顶生圆锥花序；花冠不为蝶形，覆瓦状排列，最上一瓣在最里面，其他各瓣相似；雄蕊10枚或较少，花丝离生；子房具柄或无柄；胚珠1至多数。荚果开裂或不裂，常有隔膜。

约150属2800种，分布于全世界热带和亚热带地区，少数属分布于温带地区。我国有21属约113种，主产南部和西南部。永和县2属2种。

分属检索表

1．羽状复叶，小叶有齿；植株有分叉硬刺 ……………………………… 2. 皂荚属 *Gleditsia*

1．单叶，全缘；植株无分叉硬刺 ……………………………………… 3. 紫荆属 *Cercis*

2. 皂荚属 *Gleditsia* L.

约16种，分布于热带和温带地区。我国有10种，广布于南北各省区。永和县1种。

古皂角 2015.05.20摄于马家湾村

皂荚 *Gleditsia sinensis* Lam. 本地名：皂角树

落叶乔木，高可达30米。枝灰色至深褐色，刺粗壮，常分枝，多呈柱状圆锥形。叶为一回羽状复叶；小叶3～9对，纸质，卵状披针形至长圆形，长3～8厘米，先端急尖或渐尖，顶圆钝，具小尖头，基部斜圆形或宽楔形；叶缘具细锯齿，无毛或下面中脉上稍被柔毛；小叶柄短，被柔毛。花杂性，黄白色，组成腋生总状花序；萼片4裂；花瓣4；雄蕊6～8；子房条形，缝线上及基部被毛，柱头浅2裂；胚珠多数。荚果条形，或镰刀形（内无种子），褐棕色或红褐色，常被白色粉霜。种子多颗，长圆形或椭圆形，褐色。花期4～5月，果期10月。

原产于我国长江流域，东北、华北、华东、华南部及西南均有分布。喜光稍耐阴，对土壤要求不严，在石灰质及盐碱甚至黏土或砂土中均能正常生长。木材纹理粗糙，坚而耐腐；荚果有药用。

永和县西南部乡村有零星栽植。阁底乡马家湾村有胸径1米的古树，仍然枝繁叶茂，正常开花结果。

1

1 果　2 花枝　3 花

2016.04.28摄于马家湾村

2

3

3. 紫荆属 *Cercis* Bunge

约10种，分布于亚洲、欧洲和北美洲。我国5种，产于西南、东南各地。永和县引入1种。

紫 荆 *Cercis chinensis* Bunge

落叶乔木或灌木，丛生或单生，高2～15米。树皮和小枝灰色，无毛，具皮孔。叶近圆形或三角状圆形，长5～14厘米，宽与长相等或略短于长，先端渐尖，基部心形，两面无毛，嫩叶绿色，叶柄略带紫色。花紫红色或粉红色，2～10余朵成束，簇生于老枝和主干上，通常先叶开放。荚果扁平，条形褐色，荚翅宽约1.5毫米。种子扁圆形，黑色，光亮。花期4～5月，果期8～10月。

原产于我国，生于温带地区。喜光，有一定耐寒性，喜肥沃、不耐水淹。皮、果、木、花皆可入药。是家庭和美、骨肉情深的象征。

永和县2007年引入，用于庭园和景区绿化。

1 花　2 叶

Ⅲ. 蝶形花亚科 Papilionoideae

乔木、灌木、藤本或草本。叶互生，多为一回羽状复叶，稀单叶、掌状复叶或二回羽状复叶；具托叶。花两性，两侧对称；花萼裂片5，基部多少合生；花冠蝶形，花瓣5，覆瓦状排列，位于花蕾外侧，最上面1瓣为旗瓣，位于两侧对称的2瓣为翼瓣，位于最内侧2瓣合生的为龙骨瓣；雄蕊10枚，连合成单体或二体，或全部分离。荚果常开裂或不裂。种子1至多数，无胚乳或具很薄的胚乳。

约480属12000余种，广泛分布在全世界。我国有118属1100余种，主产温带。永和县7属13种。

分属检索表

1. 雄蕊10枚，分离或仅基部合生；荚果圆筒形；种子少数至多数，种子间紧缩呈串珠状 ……………… 4. 槐属 *Sophora*

1. 雄蕊10枚，合生为1或2体（除紫穗槐属外，多数具明显的雄蕊管）……………… 2

2. 荚果含2粒以上种子时，种子间横裂或紧缩为2至数节，各节荚常具网状纹，含1种子而裂开，或有时荚果退化而成1节；叶为3小叶所成的羽状复叶 ……………… 10. 胡枝子属 *Lespedeza*

2. 荚果含2粒以上种子时，不在种子间裂为节荚，常2瓣裂或不开裂；叶为4至多数小叶所成的复叶，稀仅具1～3小叶 ……………… 3

3. 植株具贴生的“丁”字毛；药隔顶端通常具腺体或延伸而成小毫毛 ……………… 5. 木蓝属 *Indigofera*

3. 植株不具贴生的“丁”字毛；药隔顶端不具任何附属体 ……………… 4

4. 小叶常具腺点或透明微点；雄蕊合生为单体；荚果含1粒种子而不裂开；花冠仅余1旗瓣 ……………… 6. 紫穗槐属 *Amorpha*

4. 叶不具腺点；雄蕊成9与1的2组；荚果大都含2至多粒种子，2瓣开裂，也可不裂或迟缓开裂 ……………… 5

5. 大藤本植物 ……………… 7. 紫藤属 *Wisteria*

5. 非大藤木植物，乔木或灌木 ………………

6. 乔木；托叶变为长刺，奇数羽状复叶，叶轴不变为刺状；荚果扁平 ……………… 8. 刺槐属 *Robinia*

6. 灌木；托叶不变为刺，如变为刺状，叶必为偶数羽状复叶，叶轴刺状；荚果常膨大，或为圆筒状 ……………… 9. 锦鸡儿属 *Caragana*

4. 槐 属 Sophora L.

约80种，分布于温带和亚热带地区。我国约23种，南北均产之。永和县4种。

分种检索表

1. 乔木；托叶镰刀形，早落；花萼黄绿色 ……………… 1. 槐树 *S. japonica*

1. 灌木或小乔木；托叶针刺状；花萼蓝紫色 ……………… 2. 白刺花 *S. davidii*

1. 槐树 *Sophora japonia* L. 又名：国槐

乔木，高达25米。树皮灰褐色，具纵裂纹。小枝绿色，无毛，皮孔明显。羽状复叶，长达25厘米；叶轴有毛，基部膨大；小叶9～15，对生或近互生，卵状披针形或卵状长圆形，长2.5～7.5厘米，先端渐尖，具小尖头，基部宽楔形或近圆形，上面深绿色，下面灰白色，被贴伏毛及白粉；小托叶镰刀形，早落。圆锥花序顶生，长15～30厘米；花萼钟状，5小齿，被疏柔毛；花冠白色或淡黄色，旗瓣近心形，具短爪，有紫脉，翼瓣与龙骨瓣为长方形；雄蕊不等长。荚果串珠状，肉质，绿色，无毛，不开裂。种子1～6粒，肾形，黑褐色。花期7～8月，果期10月。

原产于我国，广泛栽培，华北和黄土高原地区尤为多见。喜光而稍耐阴，能适应较冷气候。根深而发达。抗风，耐干旱、瘠薄，在积水处生长不良。

永和县栽培历史久远。李塬里村、大风圪堆、高家山、龙吞泉、永和关、阴德河都有树龄300年以上的古树，均枝繁叶茂，正常开花结果。

2015.07.14摄于李塬里村

1 花枝　2 果枝

2015.07.15摄于永和美村

2015.05.18摄于龙吞泉村

1a. 龙爪槐 *Sophora japonica* f. *pendula* Hort.

粗枝扭转弯曲，小枝下垂，树冠如山。永和县用于城区景观绿化。

1b. 金枝槐 *Sophora japonica* cv. Golden Stem

别名金枝国槐等，属于国槐的变种之一。树茎、枝、叶为金黄色，特别是在冬季，这种金黄色更浓、更加艳丽，独具风格，颇富园林木本花卉之风采，观赏价值高。永和县用于道路绿化。

2. 白刺花 *Sophora davidii* (Franch.) Pavilini 本地名：狼牙刺

灌木或小乔木，高4米。枝条褐色，近无毛，具刺。羽状复叶，长14～26厘米，小叶11～21枚（片），椭圆状卵形或倒卵状长圆形，先端圆或微缺，常具芒尖，基部钝圆形，上面无毛，下面疏被长柔毛或近无毛；托叶成刺状，宿存。总状花序顶生；花萼钟状，蓝紫色，萼齿5；花冠白色或浅蓝色，旗瓣匙形，反曲。荚果串珠状，皮近革质，开裂。种子1～7粒，椭圆形。花期5～6月，果期9～10月。

分布于华北、陕西、甘肃、河南、江苏、浙江、湖北、湖南、广西、四川、贵州、云南、西藏等地。喜光、耐旱、耐瘠薄、不耐庇荫。药用树种。

永和县狗头山、扯布山阳坡的白刺花呈小乔木分布，沿黄河边有散生。

1 花枝　2 果、叶

5. 木蓝属 ***Indigofera* L.**

约800余种，广布于热带、亚热带和暖温带，以非洲占多数。我国有120余种，各地均有分布。永和县1种。

本氏木兰 *Indigofera bungeana* Steud. 本地名：铁扫帚

灌木，高1.5米。枝条有白色“丁”字毛，幼枝具棱，老枝褐色。羽状复叶；小叶7～9个，长圆形或倒卵状长圆形，长5～15毫米，全缘，先端骤尖，基部圆形，两面有白色“丁”字毛；叶柄、小叶柄有白色“丁”字毛。总状花序腋生，较复叶长，花冠紫色或紫红色，外面有毛。荚果圆柱形，长2.5～3厘米，褐色，有白色“丁”字毛，开裂。种子椭圆形，黑褐色。花期5～7月，果期8～9月。

分布于山西、河北、山东、安徽、浙江、湖北、陕西、甘肃、贵州、四川、云南。全草药用，能清热止血、消肿生肌，外敷治创伤。

永和县广为分布。在干旱山坡较多见。

1 花枝 2 果枝

6. 紫穗槐属 *Amorpha* L.

约25种，产于北美至墨西哥。我国20世纪引入1种。永和县1种。

紫穗槐 *Amorpha fruticosa* L.

落叶灌木，丛生，高1～4米。嫩枝密被短柔毛，老枝灰褐色，无毛。奇数羽状复叶互生，小叶11～25片，卵形或椭圆形，先端圆形，锐尖或微凹，有短尖，基部圆形，全缘，两面有白色短柔毛，具腺点。穗状花序常顶生和枝端腋生，直立，密被短柔毛；花萼钟状，裂齿三角形，宿存；旗瓣心形，紫色，无翼瓣和龙骨瓣；雄蕊10，每5个1体，包于旗瓣之中，伸出花冠外。荚果弯曲，棕褐色，有瘤状腺点。花期4～5月，果期9～10月。

原产于美国。现在我国南北均有栽植。耐冷、耐湿、耐旱、耐瘠薄、耐盐碱；侧根发达，适应性强。

永和县1980年引入，用于荒山造林或景区绿化，生长良好。

1 花　2 果枝

7. 紫藤属　*Wisteria* Nutt.

约10种，分布于东亚、澳大利亚和美洲东北部。我国7种，各地多有栽培，西部亦有野生。永和县引入1种。

紫藤　*Wisteria sinensis* (Simg) Sweet.

落叶攀缘木质藤本。枝灰褐色至暗灰色，嫩枝被白色柔毛。奇数羽状复叶互生；小叶7～13，卵状椭圆形至卵状披针形，长5～11厘米，宽2～4厘米，先端渐尖，基部钝圆或宽楔形，全缘；嫩叶两面被平伏毛，后脱净。总状花序侧生，长15～30厘米，花序轴被白色柔毛；花萼钟状，密被细绢毛；花冠紫色或深紫色，旗瓣基部有2胼胝体状附属物。荚果条形，扁平，长10～20厘米，密被绒毛。种子数粒，褐色，长圆形。花期4～5月，果期8～9月。

我国从南到北都有栽培，适应能力强，耐热、耐寒。

永和县文庙广场有引入栽培。

1 果　2 叶

2016.04.29摄于文庙广场

8. 刺槐属 *Robinia* L.

约20种，分布于北美洲至中美洲。我国栽培2种2变种。永和县2种。

刺 槐 *Robinia pseudoacacia* L.

本地名：洋槐

落叶乔木，高达25米。树皮灰褐色，浅裂至深纵裂。小枝灰褐色，幼时绿色，后无毛。奇数羽状复叶，互生；叶轴上面具沟槽；小叶7～25，椭圆形、长椭圆形或卵形，先端圆，微凹，具小尖头，基部圆至阔楔形，全缘，上面绿色，下面灰绿色，无毛或幼时被短柔毛。总状花序腋生，下垂，芳香；花萼钟状，5裂，被柔毛；花冠白色，旗瓣基部有1绿黄斑；雄蕊二体；子房无毛。荚果褐色，或具红褐色斑纹，条状，扁平，沿腹缝线具狭翅。种子3～10粒，肾形，褐色至黑褐色，有时具斑纹。花期4～5月，果期7～9月。

原生于北美洲，现被广泛引种到亚洲、欧洲等地。我国于18世纪末引入青岛，后在全国广泛栽植。喜光，不耐庇荫。萌芽力和根蘖性都很强。喜土层深厚、肥沃、疏松、湿润的壤土、沙质壤土。木材坚硬，耐腐蚀，燃烧缓慢，热值高。花可食用。

永和县50年代引入，现有人工林11万亩，是永和县主要的防护林树种之一。每年春季山花烂漫，刺槐花飘香，景色诱人。40年的纯林，有枯梢现象。

2015.05.18摄于南庄林场

红花槐 2015.05.11摄于官庄村

1 果　2 果枝　3 花　4 红花槐花

a. 红花槐 *Robinia pseudoacacia* 'Idaho'又名：香花槐

刺槐变种。花玫瑰红色。永和县2007年引入，用于黄河干线公路行道绿化。

9. 锦鸡儿属 *Caragana* Fabr.

80余种，分布于东欧和亚洲。我国约60种，产于华北、西南、西北、东北和东部，有些供观赏用或为绿篱。永和县4种。

分种检索表

1. 小叶2对，假掌状排列，长枝上的托叶及叶轴硬化成短针刺，萼较短而宽，成钟状筒形，基部偏斜，有时成浅囊状……2

1. 小叶2对至多对，羽状排列……3

2. 旗瓣狭，花冠凋谢时红色、浅红色或紫色；叶密生；针刺大，较稀疏；叶、子房、萼及荚果无毛……1. 红花锦鸡儿 *C. rosea*

2. 旗瓣宽倒卵形或近圆形，花冠黄色；叶较小，与叶轴刺等长；叶、萼、子房及荚果被灰白色柔毛……2. 白毛锦鸡儿 *C. licentiana*

3. 子房及荚果扁平，基部显然变狭成子房柄；萼齿阔三角形；花较大，长约25mm，子房无毛或近无毛……3. 秦晋锦鸡儿 *C. purdomii*

3. 子房及荚果膨胀，或圆筒状或扁平，基部无子房柄；花梗与萼等长或稍长；萼较狭长，齿较长，成三角形；子房密被短柔毛……4. 柠条锦鸡儿 *C. korshinskii*

红花锦鸡儿 2016.04.22摄于葛家河村

1. 红花锦鸡儿 *Caragana rosea* Turcz. 本地名：木烛子

直立灌木，高1～3米。全株无毛。树皮绿褐色或灰褐色，小枝细长，具条棱。托叶在长枝者成细针刺，短枝者脱落；叶轴短，脱落或宿存成针刺；小叶4，假掌状排列，上面1对常较大，长椭圆状倒卵形，先端圆钝或微凹，具刺尖，基部楔形，近革质，上面深绿色，下面淡绿色。花梗单生，在中部有关节；花萼筒状，常紫红色，基部偏斜；花冠黄色，龙骨瓣白色，或全部淡红色，凋时变为红色；旗瓣长圆状倒卵形，爪短；翼瓣长圆状形，耳短；子房无毛。荚果圆筒形，长3～6厘米，具渐尖头。花期4～5月，果期6～7月。

产于东北、华北、华东及河南、甘肃南部。永和县四十里山、扯布山、狗头山均有分布，主要生于山坡、沟谷或灌丛中。

1 花枝　2 花　3 果、叶

2015.04.21摄于第二岭村

2. 白毛锦鸡儿 *Caragana licentiana* Hand.-Mazz.

灌木，高40～60厘米。老枝灰色，具棱，有裂纹，幼枝密被白色柔毛。托叶披针形，硬化成针刺，密被灰白色短柔毛；叶柄硬化成针刺，宿存；叶假掌状；小叶4，倒卵状楔形或倒披针形，长5～12毫米，宽2～4毫米，先端圆形，有时凹入，具刺尖，基部楔形，两面密被灰白色短柔毛。花梗单生或并生，中部以上有关节，被白色短绒毛；花萼管状，基部偏斜，被短柔毛；花冠黄色，旗瓣宽倒卵形或近圆形，中部有橙黄色斑，先端微凹，基部渐狭成短爪；翼瓣的瓣柄与瓣片近等长；子房密被白色柔毛。荚果圆筒形，被白色柔毛。花期4～5月，果期6～7月。

产于甘肃。永和县长耳庄村有分布，主要生长干旱瘠薄的阳坡上。

1 花　2 果

3. 秦晋锦鸡儿 *Caragana purdomii* Rehd. 本地名：明烛柴

灌木，高1～6米。老枝深灰绿色或褐色，嫩枝疏被伏贴柔毛。羽状复叶有5～8对小叶；托叶硬化成针刺，开展或反曲；叶轴脱落；小叶倒卵形、椭圆形或长圆形，长3～8毫米，宽3～5毫米，先端圆、凹入或锐尖，具刺尖，基部楔形或稍圆，两面疏被柔毛，下面淡绿色。花梗单生或2～4个簇生，长1～2厘米，关节在上部；苞片钻形；花萼钟状管形，基部不为囊状凸起，被短柔毛或近无毛，萼齿宽三角形，被缘毛；花冠黄色，旗瓣倒卵形，长约2.5厘米，翼瓣长圆形，爪为瓣片的2/3，耳距状，龙骨瓣长圆形，先端钝，基部骤狭成长爪；子房具柄，无毛或近无毛。荚果狭长椭圆形，两端稍扁渐尖，果颈长于萼筒或等长，无毛。花期4～5月，果期7～8月。

分布于山西、陕西、内蒙古等地。永和县四十里山、扯布山、狗头山有分布。在立地条件较好的阴坡，有干粗达10厘米，高达6米以上的植株。

1

1 花　2 花枝　3 果　4 叶

2

3

4

4. 柠条锦鸡儿　*Caragana korshinskii* Kom.　本地名：柠条

灌木，有时小乔状，高1～4米。老枝金黄色，有光泽；幼枝有棱，被白色柔毛。羽状复叶，小叶6～9对；托叶在长枝者硬化成针刺，宿存；叶轴脱落；小叶披针形或狭长圆形，长7～8毫米，宽2～7毫米，先端锐尖或稍钝，有刺尖，基部宽楔形，灰绿色，两面密被白色柔毛。花梗密被柔毛，关节在中上部；花萼管状钟形，密贴短柔毛，萼齿三角形；花冠浅黄色，旗瓣卵圆形，翼瓣爪长为瓣片的1/2，耳短小，齿状，龙骨瓣基部截形；子房密被短柔毛。荚果扁，披针形，深红褐色，先端急尖，近无毛。种子呈不规则肾形，淡褐色、黄褐色或褐色。花期4～5月，果期6～7月。

分布于我国内蒙古、甘肃、宁夏、陕西、山西、新疆等地。蒙古也有分布。

永和县退耕还林地有栽植，生长正常。

1 花　2 果

1

2

10. 胡枝子属 *Lespedeza* Michx.

约100种，分布于亚洲、澳大利亚和北美。我国有约60余种，广布于全国。永和县3种。

分种检索表

1．花全部有花瓣；萼4裂，花冠紫红色 ……………………………… 1. 胡枝子 *L. bicolor*

1．花无瓣花与有瓣花两种；萼5裂，有时上部2齿基部合生 ……………………………… 2

2．萼裂片狭披针形，花萼长超过花冠的1/2，花冠黄白色 ……………… 2. 达乌里胡枝子 *L. davurica*

2．萼裂片披针形，花萼长不超过花冠的1/2，花冠红紫色 ……………… 3. 多花胡枝子 *L. floribunda*

胡枝子生境 2015.08.20摄于扯布山沟底

1. 胡枝子 *Lespedeza bicolor* Turcz. 本地名：胡枝梢

落叶灌木，高3米。老枝灰褐色，嫩枝黄褐色，分枝多，有条棱，疏生柔毛，后脱落。羽状三出复叶互生，顶生小叶宽椭圆形或卵状椭圆形，长1.5～6厘米，宽1～3厘米，先端钝圆，具刺尖，基部楔形或圆形，两面疏生平伏柔毛。总状花序腋生，比叶长，单生或数个排列成圆锥状，长6～15厘米，密生短柔毛。花萼钟状，花冠紫红色，旗瓣无爪，翼瓣有爪，龙骨瓣与旗瓣等长。荚果卵形，网脉明显，疏或密被柔毛，含种子1粒。种子褐色，歪倒卵形，有紫色斑纹。花期7～8月，果期9～10月。

分布于我国东北、华北、西北以及长江流域以北各地。朝鲜、日本、俄罗斯西伯利亚地区也有。耐寒，耐旱，耐瘠薄、耐酸性、耐盐碱，耐刈割。水保饲草树种。

永和县扯布山有分布，在海拔1000～1400米，土壤肥沃的阴坡，与连翘、虎榛子等混生。

1 果 2 叶

2015.08.20摄于扯布山沟底

1

2

2. 达乌里胡枝子

Lespedeza davurica (Laxm.) Schindl.

本地名：枝枝柴

半灌木，高1米。茎单一或数个丛生，常斜升；老枝黄褐色，有毛或无毛，幼枝绿褐色，有细棱，被白色毛。羽状三出复叶，顶生小叶披针状长圆形，长1.5～3厘米，宽5～10毫米，先端圆钝，有刺尖，基部圆形，全缘，背面有柔毛。总状花序腋生，较叶短或与叶等长；萼筒浅杯状，萼齿5，窄披针形，与花瓣近等长，有白色柔毛；花冠黄白色至黄色，旗瓣中央带棕色，具爪，翼瓣较短，龙骨瓣长于翼瓣；子房有毛。荚果包于宿存萼内，倒卵形或长倒卵形，有白色柔毛。花期6～8月，果期8～10月。

分布于我国东北、华北、西北、华中至云南，朝鲜、日本、俄罗斯西伯利亚地区也有分布。耐干旱，喜温暖，萌生力强。药用水保饲料树种。

永和县全境有分布，常见于荒山荒坡。

1 花枝 2 果枝

2015.08.19摄于四十里山

3. 多花胡枝子 *Lespedeza floribunda* Bunge 本地名：枝枝梢

小灌木，高1米。枝细长，下部分枝，有条棱，被柔毛。羽状三出复叶，小叶倒卵形或倒卵状长圆形，长1～1.5厘米，宽6～9毫米，先端微凹或近截形，具小尖，基部楔形，上面被疏毛，下面密被白色柔毛，侧生小叶较小。总状花序腋生，花多数；小苞片棕色，与萼贴生；花萼宽钟形，齿5裂，裂片披针形，有柔毛；花冠紫红色或蓝紫色，旗瓣长于翼瓣，龙骨瓣长于旗瓣。荚果卵状棱形，长约7毫米，超出宿存萼，被柔毛，有网纹。花期6～9月，果期9～10月。

分布于我国东北、华北、华东、华南及西北。水保饲料树种。

永和县扯布山、狗头山有分布，生于海拔1300米以下的石质山坡，与杂草混生。

1 果枝 2 花枝 3 花

22. 芸香科 Rutaceae

常绿或落叶乔木、灌木或攀缘藤本或草本。植物体内通常有挥发性芳香油。茎枝具刺或无刺。单叶或复叶，互生或对生，无托叶。花两性、单性或杂性；单生、簇生或组成总状、穗状、聚伞或圆锥花序；花冠辐射对称，稀两侧对称；萼片4～5，稀3，覆瓦式排列，通常基部合生，花瓣与萼片同数或缺；雄蕊与花被同数或更多，离生或花丝在中部以下连合；花盘环状或延长成杯状；离生心皮，单雌蕊或复雌蕊，心皮1～5或多数，每心皮胚珠1～2，稀多数；子房上位，柱头头状。蓇葖果、蒴果、翅果、核果或柑果。种子通常有胚乳或无，胚直或弯曲。

约180属1700余种，主产于热带和亚热带，少数生于温带。我国29属约150种，主要分布于西南和华南。永和县1属1种。

花椒属 *Zanthoxylum* L.

约250种，分布于东亚和北美。我国有40余种，自辽东半岛至海南岛，东南部自台湾至西藏东南部均有分布。永和县1种。

花椒 *Zanthoxylum bungeanum* Maxim. 本地名：花椒树

落叶小乔木或灌木，高3～7米。树皮深灰色，粗糙，老干上常有木栓质的疣状突起。小枝灰褐色，被疏毛或无毛。奇数羽状复叶，叶轴边缘有窄狭翅，叶柄两侧常有1对扁宽的皮刺；小叶5～11片，对生，无柄，卵形、椭圆形，稀披针形，位于叶轴顶部的较大，近基部的有时圆形，长2～7厘米，宽1～3.5厘米，叶缘有细裂齿，齿缝有油点。聚伞圆锥花序顶生，花序轴密被短柔毛；花单被，花被片4～8片，黄绿色；雄蕊5～7，具退化雌蕊；雌花有心皮3～4（7），花柱斜向背弯。果球形，成熟时紫红色或褐色，密生疣状油点。花期4～5月，果期8～10月。

我国华北、东北、西北、华东、华中及西南各省区均有分布。喜光，适宜温暖湿润及土层深厚肥沃壤土、沙壤土，萌蘖性强；耐寒，耐旱，抗病能力强。不耐涝，短期积水可致死亡。食用药用树种。

永和县以沿黄河乡村为主要栽植区。该区温度高，较干旱，所产花椒品位高，深受好评。

1 花　3 疣状突起
2 幼果　4 果

23. 苦木科 Simaroubaceae

乔木或灌木，树皮有时极苦。叶互生，稀对生，奇数羽状复叶，稀仅1叶；具叶柄，托叶早落或无。花序顶生或腋生，总状花序或圆锥花序，花小，单性异株或杂性，稀为两性；萼3～5裂，覆瓦状或镊合状排列；花瓣3～5，稀无；雄蕊与花瓣同数或2倍，2轮排列，花丝分离，基部常有鳞片状物；子房上位，2～5室，每室有胚珠1至数颗，中轴胎座，柱头头状。核果、翅果稀浆果。种子1，胚乳少或无。

32属约200种，产于全世界热带及亚热带地区，温带有少数种。我国有5属约10种，南北各地均有分布。永和县1属1种。

臭椿属 *Ailanthus* Desf.

约11种，分布于亚洲和大洋洲北部。我国有5种，分布于西南部、南部、东南部、中部和北部。永和县1种。

2015.08.25摄于国营林场

臭椿 *Ailanthus altissima* (Mill.) Swingle 本地名：椿树

落叶乔木，高达30米。树皮灰色至灰黑色，平滑而有直纹。嫩枝有髓，幼时被黄色或黄褐色柔毛，后脱落。叶为奇数羽状复叶，长40～60厘米，有小叶13～27；小叶近对生，卵状披针形，长7～13厘米，叶面深绿色，背面灰绿色，先端渐尖，基部偏斜，截形或稍圆，两侧各具1或2个粗齿腺，具恶臭味。直立圆锥花序，长10～25厘米；花杂性，雄花与两性花异株。翅果长3～4厘米，扁平，长椭圆形，红紫色或黄绿色。花期5～6月，果期9～10月。

原产于我国东北部、中部和台湾，生长在气候温和的地带。喜光，耐寒，耐旱，不耐阴，不耐水湿。适生于深厚、肥沃、湿润的沙质土壤。用材树种。

永和县南北均有分布。在海拔500～1200米，立地条件较好的地方，为乔木；在海拔1200米以上的阳坡，为小乔木或灌木。

1 花枝 2 花 3 果枝 4 果

24. 楝科 Meliaceae

常绿或落叶，乔木或灌木，稀草本。叶互生，稀对生；羽状复叶，稀单叶，无托叶。花两性稀单性，辐射对称，聚伞圆锥花序；萼4~5裂，稀3~6裂；花瓣与萼片同数，很少3~10片，分离或基部连合；雄蕊与花瓣同数或为2倍，花丝合生成筒状，稀离生；子房上位，与花盘离生或多少合生，心皮2~5，2~5室，每室2胚珠，稀1至多颗。蒴果、浆果或核果，常有粗大的中轴。种子有翅或无翅。

约50属1400余种，广布于热带，少数分布于亚热带至温带。我国产15属60余种，主产于长江以南各地。永和县1属1种。

香椿属 *Toona* Roem.

约15种，分布于亚洲和大洋洲。我国有3种，主产于长江以南各地。永和县1种。

香椿

Toona sinensis (A. Juss.) Roem.

落叶乔木，高达25米。树皮粗糙，深褐色，条片状脱落。枝条粗壮，有光泽，叶痕大。偶数羽状复叶，长20~80厘米，有香味；小叶16~20，纸质，卵状披针形或长椭圆形，长9~15厘米，先端尖，基部圆形，不对称，全缘或有疏浅锯齿，两面均无毛。雌雄异株，顶生圆锥花序；花萼5裂，花瓣5片，白色；雄蕊5枚能育，5枚退化；子房有5条细沟纹。蒴果长椭圆形，成熟时果皮由绿色变为深褐色，先端5裂成钟形。种子上端具膜质长翅。花期5~6月，果期8~10月。

1 果 2 花枝

我国特有种，广泛分布于辽宁以南的广大地区。喜温暖，不耐寒。永和县城区有栽植，在城区以北越冬困难，城区以南可作蔬菜绿化树种。

25. 黄杨科 Buxaceae

常绿灌木或小乔木，稀草本。单叶，互生或对生，常革质，全缘或具齿，无托叶。花小、整齐，无花瓣，单性，雌雄同株或异株，花序总状或密集的穗状，有苞片，雄花萼片4，雌花萼片6，均二轮；雄蕊4～6，与萼片对生，分离，花药2室，退化子房有或无；雌蕊中无退化雄蕊，子房上位，3室，稀2～4室，倒生胚珠1～2，花柱3，宿存。蒴果，室背开裂，或为肉质的核果状。

6属约100种，生于热带和温带。我国3属40余种，分布于西南部、西北部、中部、东南部，直至台湾省。永和县引入1属1种。

黄杨属 *Buxus* L.

约有70种，分布于亚洲、欧洲、热带非洲及美洲中部。我国约30种，产秦岭以南各省区。永和县引入1种。

2015.08.21摄于阁底县政府机关院

黄杨 *Buxus sinica* var. *parvifolia* M. Cheng

灌木或小乔木，高7米。枝圆柱形，有纵棱，灰白色；小枝四棱形，被短柔毛，节间长0.5～2厘米。叶革质，阔椭圆形、阔倒卵形、卵状椭圆形或长圆形，长1.5～3.5厘米，宽0.8～2厘米，先端圆钝，常有小凹口，基部楔形，叶面光亮；叶柄长1～2毫米，被毛。花单性，雌雄同株，簇生于叶腋或枝顶；上部为1朵雌花，下部为数朵雄花；雄蕊连花药长4毫米；子房较花柱稍长，柱头倒心形，粗扁，下延达花柱中部。蒴果近球形，黑色。花期4～5月，果期6～7月。

我国特产，产于中部、东部和西北一些地区。木质致密坚韧，为制作工艺品良材，制梳，刻印亦佳。

永和县文庙广场、阁底乡县政府机关院内，做绿篱栽植，能正常开花结果。

1 花、叶　2 果

26. 大戟科 Euphorbiaceae

乔木、灌木或草本。常有乳状汁液。单叶，稀为复叶，互生稀对生；叶柄顶端常具腺体；多具托叶。花单性，雌雄同株或异株，常为聚伞、穗状、总状或圆锥花序；花单被稀两被；萼片3～5，覆瓦状或镊合状排列，或缺；雄蕊1至多数，花丝分离或合生；雌蕊常3或2～4心皮结合而成，子房上位，常3室，每室有1～2胚珠，中轴胎座，花柱与子房室同数，分离或基部连合，有花盘。蒴果，稀浆果或核果。种子具胚乳。

约300属8000种以上，广布于全球。我国有66属约864种，各地均有，主产于西南至台湾。永和县木本植物1属1种。

雀儿舌头属 *Leptopus* Decne.

20种以上，分布于热带至温带地区。我国约9种，主产南部和西南部地区。永和县木本植物1种。

雀儿舌头 *Leptopus chinesis* (Bunge) Pojark.

直立灌木，高0.3～2米。老枝褐紫色，小枝绿色或浅褐色。枝条、叶片、叶柄和萼片均在幼时被短柔毛。叶片膜质至薄纸质，卵形、近圆形、椭圆形或披针形，长1～5厘米，宽0.4～2.5厘米，顶端钝或急尖，基部圆或宽楔形，叶面深绿色，叶背浅绿色；托叶小，卵状三角形。花小，雌雄同株，单生或2～4朵簇生于叶腋；萼片、花瓣和雄蕊均为5；雄花雄蕊离生，花丝丝状，花药卵圆形；雌花子房近球形，3室，每室2胚珠，花柱3，2深裂。蒴果圆球形或扁球形，基部萼片宿存；果梗长2～3厘米。花期4～7月，果期7～9月。

除黑龙江、新疆、福建、海南和广东外，全国各省区均有分布。

永和县全境有分布。耐干旱，在土层瘠薄，水分较少的石质山地亦能生长。

1 果 2 花 3 叶

1

2

3

27. 漆树科 Anacardiaceae

落叶或常绿，乔木或灌木。羽状复叶，稀单叶，互生，稀对生；无托叶。花小，单性异株、杂性同株或两性；圆锥花序，顶生或腋生；萼3～5深裂；花瓣与萼片同数，稀无花瓣；雄蕊5～10或更多；子房上位，1室，稀2～5室，每室1倒生胚珠。核果或坚果。种子多无胚乳。

约60属600余种，分布于全球热带、亚热带，少数延伸到北温带地区。我国有16属50种。永和县2属3种。

毛黄栌（秋色）2015.10.15摄于楼山

分属检索表

1．奇数羽状复叶，全缘或具齿；果序直立……1. 盐肤木属 *Rhus*

1．单叶，全缘；果序不孕花花梗伸长成羽状毛……2. 黄栌属 *Cotinus*

1. 盐肤木属 *Rhus* L.

约250种，分布于亚热带和温带。我国6种。永和县引入1种。

火炬树 *Rhus typhina* Nutt.

落叶小乔木。高达10米。柄下芽。小枝密生灰色茸毛。奇数羽状复叶，小叶11～23，长椭圆状至披针形，长5～13厘米，缘有锯齿，先端长渐尖，基部圆形或宽楔形，上面深绿色，下面苍白色，两面有茸毛，老时脱落。雌雄异株，圆锥花序顶生，密生茸毛，花淡绿色，雌花花柱有红色刺毛。核果深红色，密生刺毛，密集成火炬形。花期5～6月，果期9月。

原产于北美，我国1959年由中国科学院植物研究所引种，以黄河流域以北各省区栽培较多。喜光，耐寒，对土壤适应性强，耐干旱瘠薄，耐水湿，耐盐碱。根系发达，萌蘖性强。浅根性，生长快，寿命短。

永和县1985年引入，用于荒山和四旁绿化。易成活，适应性强，能正常开花结果。

1 花序　2 花

2

1

2. 黄栌属 *Cotinus* (Tourn.) Mill.

5种，分布于北温带。我国3种，产于西南部至西北部。永和县2种。

分种检索表

1．春季叶绿色，秋季变鲜红色……………………………………………1. 毛黄栌 *C. coggygria*

1．春季叶红色，秋季变深红色……………………………………2. 美国红栌 *C. coggygria* 'Atropurpureus'

2015.10.13摄于李塬里村后沟

1. 毛黄栌 *Cotinus coggygria* var. *pubescens* Engl. 本地名：黄栌梢

落叶小乔木或灌木，高可达5米。木质部黄色，树汁有强烈异味。单叶互生，全缘，柄细，无托叶，倒卵形或卵圆形，近无毛。圆锥花序疏松、顶生，花小、杂性，仅少数发育；不育花的花梗花后伸长，被羽状长柔毛，宿存；花萼和花柱宿存。核果小，肾形，扁平状。种子肾形，无胚乳。花期4月，果期7月。

原产于我国西南、华北和浙江，南欧、叙利亚、伊朗、巴基斯坦及印度北部亦产。喜光，耐半阴，耐寒，耐干旱瘠薄和碱性土壤，不耐水湿。宜植于土层深厚、肥沃而排水良好的沙质壤土中。是我国重要的观赏红叶树种。

永和县狗头山有自然分布，与侧柏、丁香、杏树、细裂槭、红叶柳、华北卫毛、虎榛子、春榆、小叶鼠李、少脉雀梅藤等组成群落。每年秋季树叶变红、变黄，景色美丽诱人。

1 花枝 2 花 3 果

3

2015.06.06摄于李塬里村后沟

2. 美国红栌 *Cotinus coggygria* 'Atropurpureus'

落叶灌木或小乔木，原产美国。引入我国后，经优选和驯化，现已表现出独特的彩叶树性状。叶色美丽，一年三变：初春时树体全部叶片为鲜嫩的红色，春夏之交，叶色红而亮丽；至盛夏时节，下部叶片渐为绿色，但顶梢新生叶片始终为深红色；入秋之后随着天气转凉，整体叶色又渐为深红色，秋霜过后，叶色更加红艳美丽。花期5月，果期8月。

喜光，也耐半阴，不耐水湿。永和县2007年引入，县政府机关院有引入栽植，能正常开花结果。

1 花　2 果枝　3 叶

2016.05.28摄于县政府机关院

28. 卫矛科 Celastraceae

落叶或常绿，乔木或灌木，或攀缘藤本。单叶，互生或对生，托叶小或无，早落。花序为腋生或顶生的聚伞花序或总状花序；花两性，稀单性；萼小，4~5裂，宿存；花瓣4~5，分离；雄蕊4~5，与花瓣互生；子房上位，1~5室，每室具1~2胚珠。翅果、浆果或蒴果。种子常有假种皮。

约55属850种以上，分布于温带、亚热带和热带。我国12属200余种，全国均有分布。永和县2属3种。

分属检索表

1．乔木或灌木；有顶芽；叶对生；花盘扁平……1. 卫矛属 ***Euonymus***

1．木质藤本；无顶芽；叶互生；花盘杯状……2. 南蛇藤属 ***Celastrus***

华北卫矛 2015.05.13摄于贺家庄村

1. 卫矛属 *Euonymus* L.

约180种，分布于北温带。我国约100种，广布于全国。永和县2种。

分种检索表

1．落叶；叶椭圆状卵形至卵圆形，或椭圆状披针形，叶柄长1～3．5cm；蒴果不具翅，4深裂……1. 华北卫矛 ***E. bungeanus***

1．常绿；茎直立；叶常为倒卵形，表面深绿，有光泽……2. 冬青卫矛 ***E. japonicus***

华北卫矛（秋色） 2015.10.18摄于扯布山

1. 华北卫矛 *Euonymus bungeanus* Maxim. 本地名：假羊耳子

落叶乔木，高达8米。树皮暗灰色，浅纵裂。小枝绿色，近四棱形，无毛。单叶对生，卵状椭圆形、卵圆形或窄椭圆形，长4～12厘米，宽2～4厘米，先端长渐尖，基部阔楔形或近圆形，边缘具细锯齿，两面无毛；叶柄细长。聚伞花序3至多花，花序梗略扁，长1～2厘米；花两性，4数，淡白绿色或黄绿色，直径约8毫米；花药紫红色，花丝细长。蒴果4裂，果皮粉红色。种子长椭圆状，假种皮橙红色，全包种子，成熟后顶端常有小口。花期5～6月，果期9月。

我国北部、中部及东部均有分布，国外达乌苏里地区、西伯利亚南部和朝鲜半岛有分布。喜光、稍耐阴，耐寒，对土壤要求不严，耐干旱，也耐水湿，而以肥沃、湿润而排水良好的土壤生长最好。

永和县南北都有分布，芝河镇贺家庄村、坡头乡岔口村、交口乡长耳庄村有百年以上的老树。

1 果　2 叶　3 花

1

2

3

2. 冬青卫矛 *Euonymus japonicus* Thunb. 又名：大叶黄杨

常绿灌木，高达3米。小枝四棱，具细微皱突。叶革质，有光泽，倒卵形或椭圆形，长3～5厘米，宽2～3厘米，先端圆阔或急尖，基部楔形，边缘具有浅细钝齿；叶柄长约1厘米。聚伞花序5～12花，花序梗长2～5厘米，2～3次分枝，分枝及花序梗均扁壮；花两性，白绿色，直径5～7毫米；花瓣近卵圆形，长宽各约2毫米；雄蕊花药长圆状，内向，花丝长2～4毫米；子房每室2胚珠，生中轴顶部。蒴果近球状，淡红色。种子每室1，顶生，椭圆状，假种皮橘红色，全包种子。花期6～7月，果期9～10月。

产于我国中部及北部各省区，栽培甚普遍，日本亦有分布。喜温暖湿润，亦较耐寒。极耐修剪整形。

永和县2007年引入，县政府机关院内有栽植。

1花 2果 3幼果枝

2015.11.20摄于县政府机关院

2. 南蛇藤属 *Celastrus* L.

50余种，分布于亚洲、大洋洲、美洲及马达加斯加的热带及亚热带地区。我国约有20种，除青海、新疆外，各省区均有分布，而长江以南为最多。永和县1种。

南蛇藤 *Celastrus orbiculatus* Thunb.

落叶藤本。小枝光滑无毛，灰棕色或棕褐色，具稀而不明显的皮孔。单叶互生，阔倒卵形、近圆形或长方椭圆形，长5～13厘米，宽3～9厘米，先端圆阔，具有小尖头或短渐尖，基部阔楔形到近钝圆形，边缘具锯齿，两面光滑无毛或叶背脉上具稀疏短柔毛，侧脉3～5对；叶柄细长，1～2厘米。花小，单性，排成腋生或顶生聚伞花序，花序长3～8厘米，小花3～7朵，绿色；雄花具退化雌蕊，雄蕊生于花盘边缘；雌花具退化雄蕊，雌蕊瓶状3室，柱头3裂。蒴果近球状，黄色，直径8～10毫米；种子椭圆状稍扁，长4～5毫米，红色。花期5～6月，果期10月。

分布于我国东北、华北、西北、华东、西南。喜阳耐阴，抗寒耐旱，对土壤要求不严。药用树种。

永和县南北都有分布，在背风向阳、湿润而排水好的肥沃沙质壤土中生长最好。四十里山、扯布山沟底有茎粗10厘米以上的老藤。

1

2

1 2 花　3 果

3

29. 槭树科 Aceraceae

乔木或灌木。叶对生，具叶柄，无托叶，单叶稀羽状或掌状复叶，不裂或掌状分裂。花序伞房状、穗状或聚伞状，花序的下部常有叶，稀无叶；花小，绿色或黄绿色，稀紫色或红色，两性、杂性或单性，雄花与两性花同株或异株；萼片5或4，覆瓦状排列；花瓣5或4，稀无；花盘环状，褥状或微裂，稀不发育；雄蕊4～12，常8；子房上位，2室，每室具2胚珠，每室仅1颗发育，花柱2裂仅基部合生，稀大部合生，柱头反卷。果为有翅小坚果，称翅果。种子无胚乳。

2属200余种，分布于北温带及亚热带。我国2属150余种，广布于南北各地。永和县1属3种。

槭树属 *Acer* (Tourn.) L.

有200余种，分布于亚洲、欧洲及美洲。我国有140余种，广布南北各地。永和县3种。

古细裂槭 2015.05.04摄于李家畔村

分种检索表

1．单叶……………………………………………………………………………………2

1．复叶，下面近光滑，仅脉上有疏毛……………………………………3. 复叶槭 *A. negundo*

2．叶掌状5裂片，无锯齿；叶基部截形………………………………1. 元宝槭 *A. truncatum*

2．叶3深裂，裂齿波状不规则；叶基部近于心形………………………2. 细裂槭 *A. stenolobum*

1. 元宝枫 *Acer truncatum* Bge.

落叶乔木，高8～10米。树皮纵裂。单叶对生，主脉5条，掌状5深裂；叶柄长3～5厘米。伞房花序顶生，花黄绿色，杂性，雄花与两性花同株。翅果扁平，形似元宝。花期4～5月，果期9～10月。

分布于我国辽宁、河北、内蒙古、甘肃、山西、陕西、江苏、安徽等省。树姿优美，叶形秀丽，嫩叶红色，秋季叶又变成黄色或红色，为著名秋季观红叶树种。

永和县1999年引入，用于城区绿化和生态工程建设。

1 叶　2 花　3 果　4 秋叶

2015.10.09摄于鹿角村

2. 细裂槭 *Acer stenolobum* Rehd. 本地名：榾侯木

落叶小乔木，高约8米。枝淡紫绿色至浅褐色，无毛或略带白粉。单叶对生，深3裂，近三出叶，裂片长圆披针形，先端渐尖，中裂片直伸，侧裂片平展，上面绿色，下面淡绿色，主脉3条，侧脉8～9对；叶柄细瘦，淡红色，上面有浅沟。伞房花序无毛，花淡黄色，杂性，雄花与两性花同株。翅果嫩时淡绿或淡紫色，成熟后黄褐色，上有脉纹。花期4月，果期9月。

我国特有种。华北、东北及西北地区有栽培。用材、观叶树种。

永和县四十里山、扯布山、狗头山有分布。李家畔、冯家洼、直地里、庄头村有百年以上的古树。

1 秋叶 2 雄花 3 果

3. 复叶槭 *Acer negundo* L. 又名:羽叶槭

落叶乔木，高达5～10米。树皮黄褐色或灰褐色。小枝圆柱形，无毛，当年生枝绿色，多年生枝黄褐色。奇数羽状复叶，有3～7枚小叶；小叶卵形或椭圆状披针形，长5～10厘米，宽3～6厘米，先端渐尖，基部圆形或阔楔形，边缘有3～5个不规则疏齿，顶部小叶多3裂或缺刻，稀全缘。雄花序聚伞状，雌花序总状，均由无叶的小枝旁边生出，常下垂；花小，黄绿色，开于叶前，雌雄异株，无花瓣及花盘；雄蕊4～6，花丝很长；子房无毛。翅果翅宽，稍向内弯，连同小坚果长3～3.5厘米，两小坚果凸起，近于长圆形或长圆卵形。花期4月，果期8～9月。

我国东北、西北、华北、华中各主要城市都有栽培。枝叶茂密，入秋叶色金黄，可用做庭荫树、行道树。

永和县1970年引入，岔口国有林场有栽植，能正常开花结果。

1 雄花 2 雌花 3 幼果 4 果

2015.08.25摄于国营林场

30. 无患子科 Sapindaceae

乔木或灌木。羽状复叶或3小叶，互生，无托叶。圆锥或总状花序顶生或腋生；花两性或单性，辐射对称或两侧对称；萼片4～5，花瓣4～5或缺；雄蕊8～10，生于花盘内侧；子房上位，全缘或分裂，通常3室，少1或4室，每室1～2胚珠，偶多颗。果为蒴果、浆果、翅果、核果或坚果。

约150属2000余种，分布于热带、亚热带，少数生于温带。我国有25属56种，主要分布在西南部、南部和东南部。文冠果属和栾树属分布至华北和东北，永和县均有分布。

分属检索表

1. 乔木；一至二回羽状复叶，小叶有缺刻或裂片，稀全缘；花黄色，两侧对称，圆锥花序；果皮膜质……1. 栾树属 *Koelreuteria*

1. 灌木或小乔木；一回羽状复叶，小叶有锯齿；花白色，辐射对称，总状花序；果皮木质……2. 文冠果属 *Xanthoceras*

1. 栾树属 *Koelreuteria* Laxm.

约6种，分布于东亚。我国都有。永和县2种。

分种检索表

1．一至二回奇数羽状复叶，小叶边缘具锯齿或裂片；蒴果长卵形，先端尖，熟时褐色
……………………………………………………………………………………………………1. 栾树 *K. paniculata*

1．二回羽状复叶，小叶边缘全缘，偶有疏锯齿；蒴果椭圆形，先端钝而有短尖，熟时近红色
……………………………………………………………………………………………2. 全缘栾树 *K. bipinnata*

1. 栾树 *Koelreuteria paniculata* Laxm. 本地名：栾柴

落叶乔木或灌木。树皮厚，灰褐色，细纵裂。小枝无顶芽，具柔毛。叶一至二回奇数羽状复叶，长20～40厘米；小叶无柄或具极短的柄，对生或互生，纸质，长卵形或卵形，长3～8厘米，宽2.5～3.5厘米，顶端渐尖，基部近截形，边缘有锯齿或裂片，叶下面沿脉有短柔毛。两性花及单性花共存，顶生圆锥花序，两侧对称，花序长25～40厘米，被柔毛；花黄色，中心紫红色；萼裂片5，边缘具睫毛；花瓣4，开花时向外反折，长8～9毫米，瓣柄有柔毛；雄蕊8，花丝被长柔毛；子房三棱形，棱上具缘毛。蒴果膨大成膀胱状长卵形，具3棱，顶端渐尖，有膜质果皮3片。种子近球形，黑色。花期6～7月，果期9～10月。

产于我国北部及中部大部分省区，世界各地有栽培。喜光耐寒，耐干旱瘠薄，对环境的适应性强。深根性，抗风能力较强，萌蘖力强，生长速度中等。

永和县南北都有分布。多见于海拔1200米左右的地埂、地畔。

1

2

3

1 花枝 2 3 花 4 果

2015.07.01摄于东索基村

4

2. 全缘叶栾树 *Koelreuteria bipinnata* Franchet 又名：全缘栾树

乔木，高达20余米。小枝棕红色，密生皮孔。二回羽状复叶，小叶7～9，互生，稀对生，纸质或近革质，斜卵形，顶端渐尖，基部楔形，略偏斜，全缘。圆锥花序顶生，长30厘米，花黄色，中间红色。蒴果，膨大椭圆形，具3棱，幼时淡紫红色，老时褐色，顶端钝，有微尖。种子近球形，黑色。花期8～10月，果期11月。

分布于长江流域以南及西南诸省及华北地区。耐寒，耐旱，耐瘠薄。药用绿化树种。

永和县2013年引入。永和一中有栽植，能正常开花结果。

1 花、果、叶

1

2. 文冠果属 *Xanthoceras* Bunge

单种属，产于我国北部和朝鲜。

文冠果 *Xanthoceras sorbifolia* Bunge 本地名：木瓜

落叶灌木或小乔木，高2～8米。树皮灰褐色。小枝粗壮，褐紫色，无毛或有短毛。顶芽和侧芽有覆瓦状排列的芽鳞。奇数羽状复叶，互生，初幼有短柔毛，后无毛或有微毛；小叶9～19，膜质或纸质，披针形或近卵形，两侧稍不对称，长2.5～6厘米，宽1.2～2厘米，顶端渐尖，基部楔形，边缘有锐锯齿。总状花序先叶抽出或与叶同时抽出；花杂性，可孕花子房正常、雄蕊退化，不孕花雄蕊正常、子房退化；萼片5，两面被灰色绒毛；花瓣5，白色，内侧基部有黄变紫红色斑纹；花盘5裂；雄蕊8；子房长圆形，花柱短粗。蒴果，球形或半球形，3室，稀2～5室，每室有种子4～6粒；果皮厚，木质化，果熟时果皮由绿色变为黑褐色。花期4～5月，果期8～9月。

产于我国北部和东北部。喜光，耐半阴，耐寒，耐旱，不耐涝。野生于丘陵山坡，木本油料树种。

永和县南北都有分布。在土崖边，地埂边呈灌木状生长；在水肥条件较好沟底和塬坡地呈小乔木。桑壁镇幸庄村有地径40厘米，高6米的大树，仍正常开花结果。

2016.04.28摄于驻布山

1

2

3

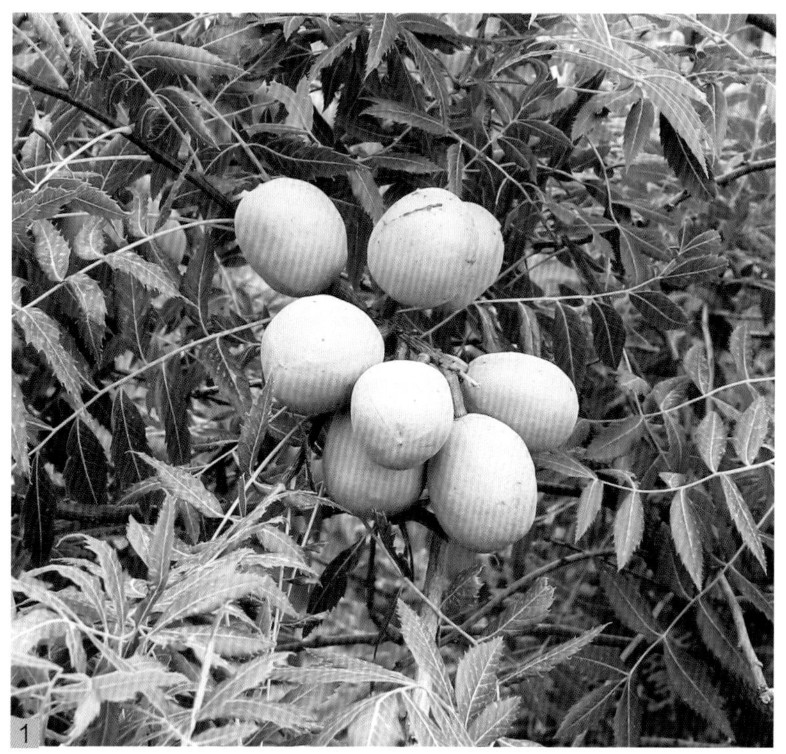

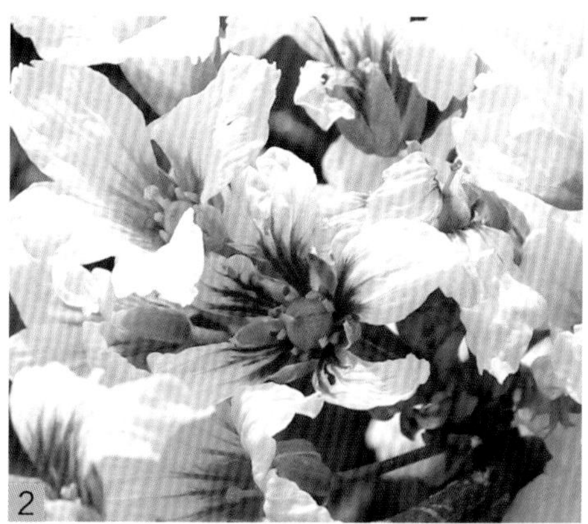

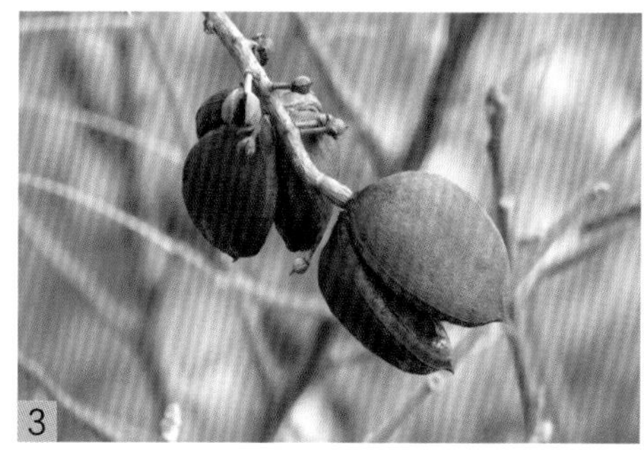

1 夏果　2 花　3 秋果

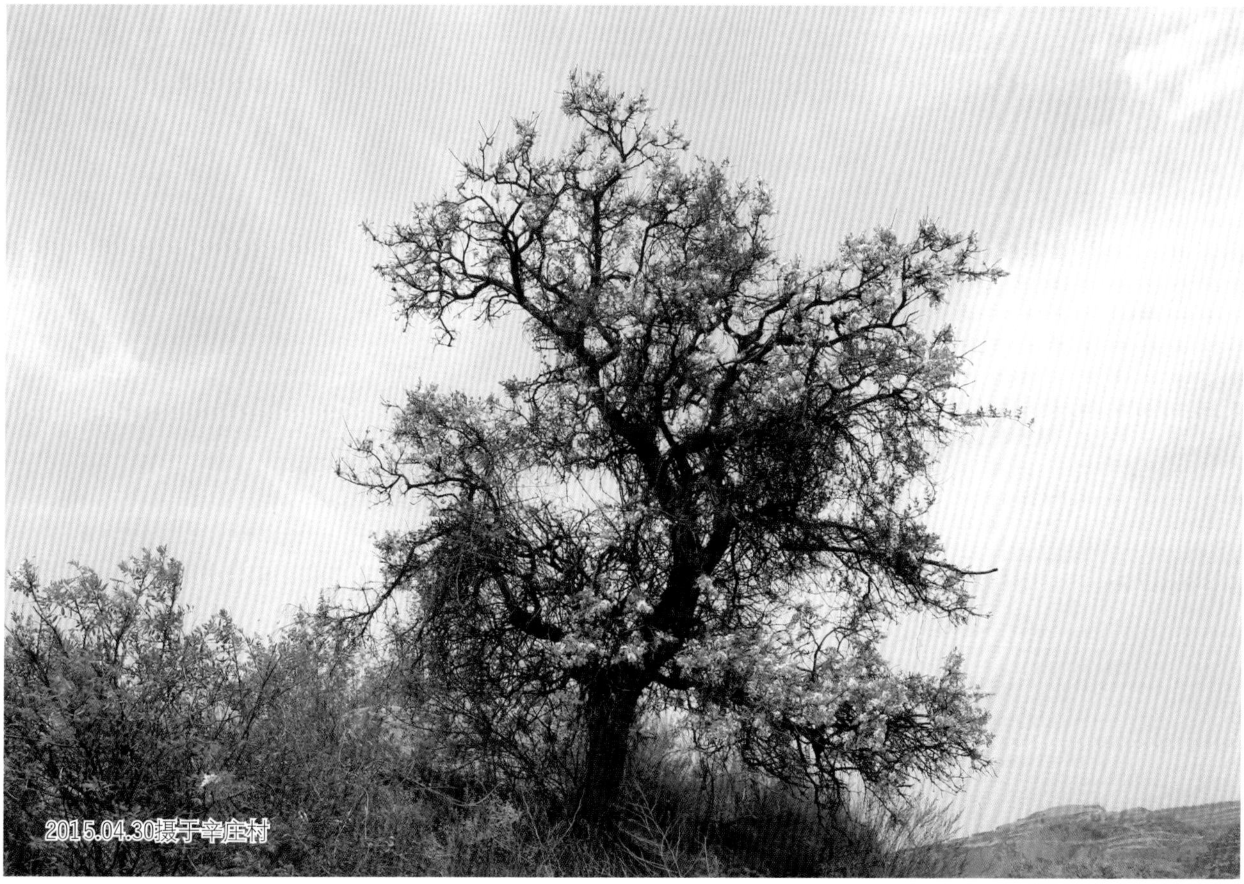
2015.04.30摄于辛庄村

31. 鼠李科 Rhamnaceae

乔木、灌木，稀藤本。常有枝刺或托叶刺。单叶互生，稀对生；叶脉羽状或三出；托叶早落或变成刺。花小，两性或单性，辐射对称，绿色或黄绿色，排成聚伞花序、圆锥花序、总状花序或簇生；花萼管状，常5裂，稀4裂，镊合状排列；花瓣5或4，或缺；雄蕊5，稀4，与花瓣对生，花药2室，纵裂；花盘明显发育；子房上位或一部分埋藏于花盘内，2~4室，各有1胚珠。核果、翅果、坚果，少数属为蒴果。

共58属约900种，广布全球，主要分布于北温带。我国有14属130余种，主要分布于西南和华南。永和县3属6种。

枣树王，2015.09.23摄于贺家塬村

分属检索表

1. 浆果状核果，有软革质的外果皮，无翅，内果皮薄革质或纸质，有2~4个分核……………………………2

1. 核果，内果皮坚硬，厚骨质，1~3室，无分核；种皮膜质或纸质……………………2. 枣属 ***Ziziphus***

2. 花无梗，少有短梗；穗状花序或穗状圆锥花序，顶生或腋生；多分枝灌木，有时半攀缘……………………………………1. 雀梅藤属 ***Sageretia***

2. 花具明显的梗；腋生聚伞花序；灌木或乔木……………………………3. 鼠李属 ***Rhamnus***

1. 雀梅藤属 *Sageretia* Brongn.

约34种，主要分布于亚洲南部和东部，少数种在美洲和非洲也有分布。我国有20种，主产于西北、西南及华南各地。永和县1种。

少脉雀梅藤 *Sageretia paucicostata* Maxim.

本地名：对节木

灌木或小乔木，高2～4米。幼枝被黄色茸毛，小枝刺状，对生或近对生。叶互生或近互生，椭圆形或倒卵状椭圆形，长2.5～4.5厘米，宽1.4～2.5厘米，顶端钝或圆形，基部楔形或近圆形，边缘具钩状细锯齿，上面深绿色，下面黄绿色，无毛，侧脉2～4对，弧状上升，中脉在上面下凹，下面凸起。花两性，5基数，近无梗，黄绿色，无毛，单生或2～3个簇生，排成疏散穗状或穗状圆锥花序，常生于侧枝顶端或小枝上部叶腋，花序轴无毛。核果倒卵状球形或圆球形，长5～8毫米，直径4～6毫米，成熟时黑色或黑紫色，具3分核。种子扁平。花期5～9月，果期7～10月。

产于我国河北、河南、西南等地。永和县四十里山、扯布山、狗头山有分布，多生长在石质山区的阳坡。喜光，耐干旱瘠薄。木质坚实，用作拐杖。

1 花　2 果　3 叶　4 枝刺

1

2

3

4

2. 枣属 *Ziziphus* Mill.

约100种，主要分布于亚洲和美洲的热带和亚热带地区，少数种在非洲和两半球温带也有分布。我国有12种3变种，主要产于西南和华南各地。永和县2种。

分种检索表

1．乔木；核果较大，长圆形或椭圆形，长2～3.5厘米，中果皮肥厚，核两端尖
……………………………………………… 1. 枣 *Z. jujuba*

1．灌木，稀乔木；核果小，近球形，直径0.7～1.5厘米，中果皮薄，核两端钝
……………………………………………… 2. 酸枣 *Z. jujuba* var. *spinosa*

枣林 2016.05.24摄于白家塬村

1. 枣 *Ziziphus jujuba* Mill. 本地名：枣树

落叶乔木，高达10余米。树皮灰褐色。有长枝（枣头）、短枝（枣股）和无芽小枝（枣吊）。皮刺2，长刺可达3厘米，短刺长6毫米。叶纸质，卵形、卵状椭圆形，或卵状长圆形，长3～7厘米，宽1.5～4厘米，顶端钝或圆形，稀锐尖，基部近圆形，不对称，边缘具细钝锯齿，基生三出脉；托叶刺纤细，后期常脱落。花黄绿色，两性，5基数，无毛，具短总花梗，腋生聚伞花序；萼片卵状三角形；花瓣倒卵圆形，基部有爪，与雄蕊等长；花盘厚，肉质，圆形，5裂；子房下部藏于花盘内，与花盘合生，2室，每室有1胚珠，花柱2半裂。核果长圆形或卵圆形，长2～3.5厘米，直径1.5～2厘米，成熟时红色，后变红紫色，中果皮肉质，味甜。核两头尖。花期5～6月，果期9～10月。

我国各地都有栽培，以河北、河南、山东、山西、陕西为主要栽培区域。喜光，适应性强，喜干冷气候，也耐湿热，对土壤要求不严，耐干旱瘠薄，也耐低湿。木本粮食树种。

永和县栽培红枣历史悠久，黄河沿岸海拔500～800米，是枣树最佳生态区，所产红枣个大、核小、皮薄、肉厚，酸甜可口，品质优良，属山西省十大名枣之一。曾是唐朝贡品，1959年获国务院奖励，2000年获全国乐陵红枣博览会金奖。全县现有枣树20余万亩，产量可达3000万千克，是黄河沿岸农民的重要收入之一。当地物种有条枣、木枣、灰枣、小枣、脆枣、沟坝枣、芽枣、五星枣、团枣、圪塔枣、麻子枣等。引进品种有梨枣、骏枣、壶瓶枣、赞皇枣、晋枣、相枣、屯屯枣、金丝小枣、蛤蟆枣、龙须枣、磨盘枣、茶壶枣、辣椒枣、牛奶枣、胎里红枣等。

1

2

1 花　2 果　3 增产砣

3

2. 酸枣 *Ziziphus jujuba* var. *spinosa* (Bunge) Hu et Chow 本地名：圪针

落叶灌木或乔木，高3～10米。树皮灰褐色，纵裂。小枝“之”字形弯曲，光滑，紫褐色，具两种刺：一种直伸，长达3厘米；另一种常弯曲。叶互生，椭圆形至卵状披针形，长1.5～3.5厘米，宽0.6～1.2厘米，边缘有细锯齿，基部三出脉。花黄绿色，2～3朵簇生于叶腋，成聚伞状。核果小，熟时红褐色，近球形或长圆形，长0.7～1.5厘米，味酸，核两端钝。花期5～6月，果期9～10月。

原产于我国华北，中南各省亦有分布。永和县全境有分布。适应性强，耐干旱瘠薄，寿命长。能在立地条件特别干旱的地埂地畔和石质山区生长。前龙石嵝村、李塬里村有地径80厘米的百年大树。全县酸枣产量约50万千克。

1 花 2 果 3 幼果

2015.10.13摄于李塬里村

1

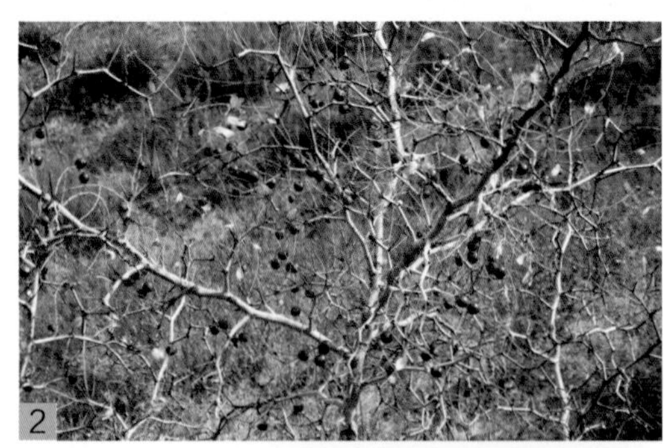

2

3

3. 鼠李属 *Rhamnus* L.

约200种，分布于温带至热带，主要集中于亚洲东部和北美洲的西南部，少数分布于欧洲和非洲。我国57种，分布于全国各地，其中以西南和华南种类最多。永和县3种。

分种检索表

1. 枝和叶对生或近对生……2
1. 枝叶均互生，稀近对生，叶片条状披针形……3. 柳叶鼠李 *R. erythroxylon*
2. 叶狭小，长1.2～4厘米，宽0.8～2厘米，侧脉每边2或3条，稀4条……1. 小叶鼠李 *R. parvifolia*
2. 叶较大，长3～5厘米，宽大于2厘米，侧脉每边4～5条，边缘有锐密锯齿……2. 锐齿鼠李 *R. arguta*

柳叶鼠李 2015.04.30摄于前龙石堡村

1. 小叶鼠李 *Rhamnus parvifolia* Bunge 本地名：黑圪榔

灌木，高1.5～2米。小枝对生或近对生，紫褐色，初时被短柔毛，后脱落，有光泽，枝端及分叉处有针刺。芽卵形，长达2毫米，鳞片数个，灰褐色。叶纸质，对生或近对生，稀互生，或在短枝上簇生，菱状倒卵形或菱状椭圆形，长1.2～4厘米，宽0.8～2(3)厘米，顶端钝尖或近圆形，稀突尖，基部楔形或近圆形，边缘具圆齿状细锯齿，上面深绿色，下面浅绿色，干时灰白色，侧脉每边2～4条，两面凸起，网脉不明显；托叶钻状，有微毛。花单性，雌雄异株，黄绿色，4基数，有花瓣，通常数个簇生于短枝上；花梗长4～6毫米，无毛；雌花花柱2半裂。核果倒卵状球形，成熟时黑色，具2分核，基部有萼筒宿存。种子长圆状倒卵圆形，褐色。花期4～5月，果期6～9月。

我国黑龙江、吉林、辽宁、内蒙古、河北、山西、山东、河南、陕西以及蒙古、朝鲜、俄罗斯西伯利亚地区有分布。

永和县四十里山、扯布山、狗头山有分布。喜光，耐干旱瘠薄，与山桃、山杏、华北丁香、旱榆混生。

1 花 2 果 3 枝刺

2. 锐齿鼠李 *Rhamnus arguta* Maxim.

灌木或小乔木，高2～3米。树皮灰褐色。小枝对生或近对生，灰褐色，无毛，枝端具刺。叶纸质，近对生或对生，或在短枝顶簇生，卵形、卵圆形或矩圆形，顶端钝圆或突尖，基部近圆形，边缘具芒状锐锯齿，侧脉4～5对，两面稍凸起，无毛；叶柄带红色，上面有小沟。花单性，黄绿色，雌雄异株，单生于叶腋或数朵簇生于短枝顶端；花萼4裂；花瓣4；雄蕊4。核果球形，黑色，具2～4个分核。种子倒卵形，淡褐色。花期4～5月，果期7～9月。

产于黑龙江、辽宁、河北、山西、山东和陕西。喜光，耐干旱，适应力甚强。

永和县分布于楼山东坡，与巧玲花、侧柏等混生。

1 叶　2 幼果　3 花

3. 柳叶鼠李 *Rhamnus erythroxylon* Pall.

本地名：圪梛杋

灌木，高2米。枝红褐色，无毛，互生，开展，具刺。叶纸质，互生或短枝上簇生，条状披针形，长3～10厘米，宽3～10毫米，顶端渐尖或钝，基部楔形，边缘有疏细锯齿，两面无毛，侧脉4对；托叶钻状，早落。花单性，雌雄异株，黄绿色，4基数，有花瓣，10～20束生，冠钟形。核果球形，成熟时黑色，有2～3粒种子。种子倒卵圆形，淡褐色。花期4～5月，果期7～8月。

内蒙古、河北、山西、陕西北部、甘肃和青海等省区有分布。耐干旱，萌芽力强。永和县分布较广，单生或与细裂槭等混生。桑壁镇前龙石崾村后沟有高3米，地径25厘米的古树，传说有百年以上树龄。

1 花

2015.07.24摄于李塬里村

32. 葡萄科 Vitaceae

藤本或草木，借卷须攀缘。茎节常增大或具关节。单叶或复叶，互生。伞房花序、聚伞花序、圆锥花序，腋生、顶生、与叶对生或生于膨大的关节上；花小，两性或杂性同株或异株；萼杯状，4～5裂或全缘；花瓣与萼片同数，镊合状排列，分离或粘合；雄蕊4～5，与花瓣对生；子房上位，2～6室，每室1～2倒生胚珠，花柱1，柱头头状、盾状或分裂。浆果，有种子1至数粒。

有12属700余种，多分布于热带和温带地区。我国有7属约106种，全国均有分布。永和县3属5种。

葡萄 2015.09.26摄于交道沟村

分属检索表

1．髓褐色；树皮无皮孔，茎皮长条状剥落；圆锥花序，花瓣顶部粘合 ……………………………… 3. 葡萄属 *Vitis*

1．髓白色；树皮有皮孔；茎皮不剥落；聚伞花序，花瓣离生 ……………………………………………… 2

2．卷须缠绕，顶端无吸盘；花盘杯状，与子房分离 …………………………………… 1. 蛇葡萄属 *Ampelopsis*

2．卷须顶端常有吸盘，罕无；花盘不明显或不存在，如存在与子房贴生，不分离 ……………………………………………………………………………… 2. 爬山虎属 *Parthenocissus*

1. 蛇葡萄属 *Ampelopsis* Michaux

约25种，分布于北美和亚洲。我国9种，南北均产之。永和县1种。

乌头叶蛇葡萄 *Ampelopsis aconitifolia* Bge. 本地名：蛇葡萄(浅壳壳)

木质藤本。小枝圆柱形，有纵棱纹，被疏柔毛。卷须2～3叉分枝。掌状复叶，小叶3～5，披针形至菱状披针形，长4～9厘米，羽状裂，顶端渐尖，基部楔形，中央小叶深裂，或有时外侧小叶浅裂或不裂，上面绿色，下面浅绿色；小叶有侧脉3～6对；叶柄长1.5～2.5厘米，小叶近无柄。聚伞花序与叶对生或假顶生，花小，黄绿色，萼不分裂，花瓣卵形，雄蕊较花瓣短，花盘边缘呈波状，子房下部与花盘合生。浆果近球形，直径0.6～0.8厘米，橙黄色至红色，有2～3种子。花期5～6月，果期8～9月。

我国东北、华北及西北、西南有分布。

永和县全境有分布。在立地条件好的地方为大藤本，在立地条件差的地方为蔓状。扯布山沟底有地径15厘米的老藤。

1

1 果 2 花

2

2. 爬山虎属　*Parthenocissus* Planch.

约15种，分布于亚洲及北美洲。我国有9种，产于西南部至东部。永和县2种。

分种检索表

1．叶常3裂，基部心形……………………………………………………………………1. 爬山虎 *P. tricuspidata*

1．叶为5小叶的掌状复叶，基部楔形……………………………………………………2. 五叶地锦 *P. quinquefolia*

1. 爬山虎　*Parthenocissus tricuspidata* Planch.

木质藤本，茎长10米以上。枝条粗壮，老枝灰褐色，幼枝紫红色。卷须短，多分枝，顶端及尖端有黏性吸盘。叶互生，绿色，具长柄，宽卵形；叶长8～18厘米，常3裂，基部心形，缘有粗锯齿，上面无毛，背面具白粉，叶脉处有柔毛，秋季变为鲜红色。聚伞花序，生于短枝的叶腋；花多为两性，雌雄同株；花5数；萼全缘；花瓣5，与雄蕊对生，花瓣顶端反折；子房2室，每室有2胚珠。浆果小球形，熟时蓝黑色，被白粉。花期6月，果期9～10月。

产于我国华东、华中及辽宁等地。喜光、耐阴，耐旱，耐寒，耐贫瘠，对土壤及气候适应能力强，栽培管理简单，生长快，绿化、美化效果好。

永和县2007年引入，庭院有栽植，能正常开花结果。

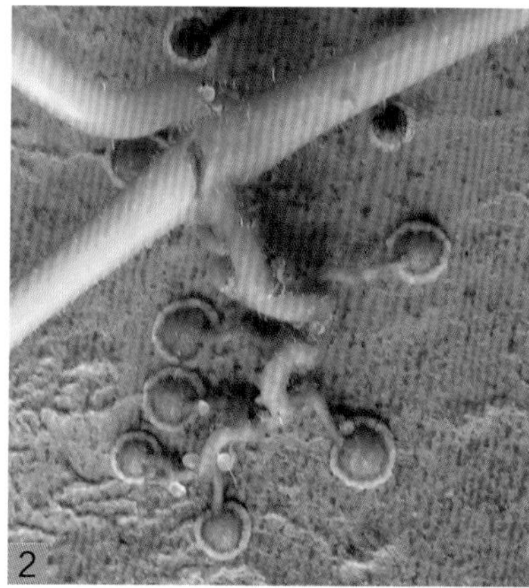

1 花　2 吸盘
3 花枝　4 果

2. 五叶地锦 *Parthenocissus quinquefolia* L. 又名：五叶爬墙虎

木质藤本，茎长5～10米。小枝圆柱形，无毛，红褐色。卷须具5～8分枝，卷须顶端嫩时尖细卷曲，后遇附着物扩大成吸盘。叶为掌状5小叶，小叶倒卵圆形、倒卵椭圆形或外侧小叶椭圆形，长5.5～15厘米，顶端急尖，基部楔形，边缘有粗锯齿，上面绿色，下面浅绿色，平滑无毛；叶柄长5～10厘米，无毛。雌雄同株，圆锥状聚伞花序，与叶对生，无毛；花小，萼5裂，碟形；花瓣5，长椭圆形，黄绿色；雄蕊5，与花瓣对生；子房卵锥形，2室，每室2胚珠。浆果球形，成熟时蓝黑色，带白霜，具1～3种子。花期6月，果期9～10月。

分布于我国东北至华南各省区。朝鲜、日本也有。喜光、稍耐阴，耐寒，对土壤和气候适应性强，喜在肥沃的沙质壤土上生长。

永和县2007年引入，城区有栽植，能正常开花结果。

1 花 2 果 3 吸盘

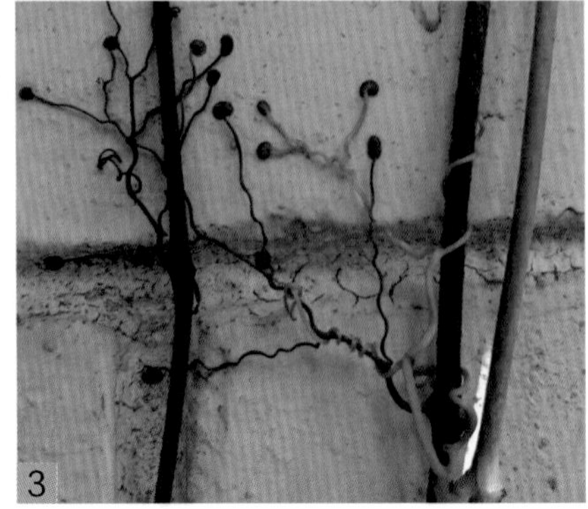

3. 葡萄属 *Vitis* L.

有60余种，分布于世界温带或亚热带。我国约27种，南北均产之。永和县2种。

分种检索表

1．叶基部弯缺窄，叶圆形或卵圆形，常3裂至5深裂，下面稍被丛卷毛或短柔毛
………………………………………………………………………………………………… 1. 葡萄 *V. vinifera*

1．叶基部弯缺宽，叶卵圆形至正圆状卵形；幼枝和叶柄红色或带红色，节间隔膜厚
………………………………………………………………………………………………… 2. 山葡萄 *V. amurensis*

1. 葡萄 *Vitis vinifera* L.

木质藤本。茎长达20米。小枝圆柱形，有纵棱纹，无毛或被稀疏柔毛。卷须长10～20厘米，二叉分枝。单叶互生，圆卵形，长7～18厘米，3～5裂，中裂片顶端急尖，基部心形，边缘有粗大锯齿，两面无毛或下面疏柔毛；叶柄长3～7厘米，托叶早落。圆锥花序，与叶对生；花小，黄绿色，两性或杂性异株；萼盘状，花瓣5，顶端合生，呈帽状脱落；雄蕊5，与花瓣对生；花盘发达，5浅裂，基部与子房贴生。浆果球形或椭圆形。种子基部有短喙，腹面具2沟。花期5～6月，果期8～9月。

美味果品，可生食、可制干、可酿酒、可入药。原产于亚洲西部，现世界各地栽培，约95%的葡萄集中分布在北半球。我国各地均有栽培。永和县乡村都有栽植，是主要水果之一。

1 果　2 花

1

2

2. 山葡萄 *Vitis amurensis* Rupr.

木质藤本，茎长15米。枝条粗壮，嫩枝有柔毛，赤褐色。节上有卷须2～3分枝。叶互生，阔卵形，长10～20厘米，先端渐尖，基部心形，常3～5裂或不裂，边缘有较大的圆锯齿，上面暗绿色，无毛或具细毛，下面淡绿色，被柔毛；叶柄被柔毛。圆锥花序与叶对生，被柔毛；花杂性异株，细小，黄绿色：萼片5，花瓣5，镊合状排列；雄蕊5；雌蕊1，子房2室。浆果近球形，径6～10毫米，由深绿色变蓝黑色。花期5～6月，果期8～9月。

产于我国东北、华北、华中、华东等地。永和县扯布山、狗头山沟底有野生分布，单株地径可达10厘米以上。

1

2

2015.10.02摄于双锁山沟底

1 叶 2 秋叶
3 花 4 果

3

4

33. 锦葵科 Malvaceae

木本或草本。茎皮有纤维，有黏液。叶互生，单叶或分裂，叶脉常掌状，具托叶。花腋生或顶生，单生、簇生、聚伞花序至圆锥花序；花两性，辐射对称；萼片3～5片，分离或合生；副萼3至多数；花瓣5片；雄蕊多数，花丝合生成雄蕊柱；子房上位，2至多室，多为5室，每室胚珠1至多颗，花柱与心皮同数或为2倍。蒴果，分裂，稀为浆果状。种子肾形或倒卵形，被毛至光滑无毛，有胚乳。

约50属1000余种，分布于温带至热带。我国有13属50余种，分布于各地。永和县1属2种。

木槿属 *Hibiscus* Zhu.

约200余种，分布于热带和亚热带地区。我国有24种，产于全国各地。永和县引入2种。

木槿 2015.07.24摄于桑壁干线公路旁

分种检索表

1. 叶光滑，3条主脉……………………………………1. 木槿 *H. syriacus*
1. 叶具柔毛，3或5条主脉……………………………2. 木芙蓉 *H. mutabilis*

1. 木槿 *Hibiscus syriacus* L.

落叶灌木，高3～4米。小枝密被黄色星状绒毛，后脱落。叶菱形至三角状卵形，长3～10厘米，具深浅不同的3裂或不裂，先端钝尖，基部楔形，边缘具不整齐齿缺，下面沿叶脉微被毛或近无毛。花两性，钟形，单生于枝端叶腋，被星状短绒毛，有纯白、淡粉红、淡紫、紫红等花色；萼钟形，密被星状短绒毛，裂片5，三角形；花瓣有单瓣、复瓣、重瓣，外面疏被纤毛和星状长柔毛；雄蕊柱长约3厘米；花柱分枝，无毛。蒴果卵圆形，密被黄色星状绒毛。种子肾形，成熟种子黑褐色，背部被黄白色长柔毛。花期7～10月，果期9～10月。

原产于我国中部，现在各地均有栽培。适应性很强，耐贫瘠、稍耐阴、耐修剪、耐热又耐寒，好水湿而又耐旱，对土壤要求不严，在重黏土中也能生长。萌蘖性强。

永和县2007年引入，县城至桑壁镇干线公路旁有栽植，能正常开花结果。

1

2

1 2 重瓣花、果
3 4 单瓣花、果

3

4

2. 木芙蓉 *Hibiscus mutabilis* L. 又名：芙蓉花

落叶灌木或小乔木，高1～2米。小枝、叶柄幼时绿色后变淡红色。叶互生，卵状椭圆形，长4～7厘米，先端尖或渐尖，两面有毛，边缘有粗齿。花朵大，单生于枝端叶腋间，初开时白色或淡红色，后变深红色；萼钟形，裂片5；花瓣5或重瓣，外面被毛；雄蕊柱无毛。蒴果扁球形，被淡黄色刚毛和绵毛。种子肾形，背面被长柔毛。花期7～9月，果期9～10月。

原产于我国湖南。喜温暖、湿润环境，不耐寒，忌干旱、耐水湿。对土壤要求不高，瘠薄土地亦可生长。

永和县国家黄河蛇曲地质公园景区有引入栽植，能开花结果。

1 花　2 果　3 叶

2015.09.25摄于黄河蛇曲地质公园

34. 梧桐科 Sterculiaceae

乔木或灌木，稀为草本或藤本。树皮黄绿色，常有黏液和富于纤维。叶互生，单叶，稀为掌状复叶，全缘、具齿或深裂，常有托叶。花序腋生，稀顶生，排成圆锥花序、聚伞花序、总状花序或伞房花序，稀为单生花；花单性、两性或杂性；萼片5，稀3～4，或多或少合生，稀分离，镊合状排列；花瓣5或无，离生或基部与雌雄蕊柄合生，旋转覆瓦状排列；雌雄蕊具柄；退化雄蕊与萼片对生，或无退化雄蕊，花药2室，纵裂；雌蕊由2～5（稀10～12）个心皮或单心皮所组成，子房上位，室数与心皮数相同，每室有胚珠2颗或多颗，稀为1颗，花柱合生或与心皮同数。蒴果或蓇葖果，开裂或不开裂，极少为浆果或核果。种子有胚乳或无胚乳。

68属约1100种，主要分布于热带和亚热带地区，个别种可分布到温带。我国有19属82种，只有梧桐可栽培至华北和西北地区。永和县引入1属1种。

梧桐属 *Firmiana* Marsili

约15种，分布于亚洲。我国3种，各省均有栽培。永和县1种。

青桐 *Firmiana simplex* (L.) W. F. Wight. 又名：梧桐

落叶乔木，高15米。树干挺拔，树皮青绿色，光滑，老时呈灰色；小枝粗壮，绿色。叶大，宽卵圆形或圆形，长、宽15～30厘米，3～5掌裂，基部心形，裂片全缘，先端渐尖，表面光滑，背面有星状毛；叶柄约与叶片等长。花小，杂性，排成顶生圆锥花序；花瓣缺，萼5裂；雄蕊合生成柱；子房圆球形，5室。蓇葖果5，成熟前沿腹线裂开。种子4～5，球形，棕黄色。花期6～7月，果期9～10月。

我国华北至华南、西南各地广泛栽培。喜光，喜温暖湿润，耐寒性不强；不耐草荒，不宜修剪。

永和县2010年引入，青少年活动中心有栽植，能开花结果，长势较差。

1

2

3

4

1 花枝 2 花
3 果 4 叶

2015.09.14摄于青少年活动中心

35. 柽柳科 Tamaricaceae

灌木或小乔木，稀草本。叶互生，无托叶，无叶柄，叶体小，多呈鳞片状，草质或肉质，且多具泌盐腺体。花两性，辐射对称，单生或集成总状或圆锥花序；萼片4～5；花瓣4～5，覆瓦状排列；雄蕊4～5或多数，有花盘，花丝离生或部分连合；子房上位，1室，心皮2～5。蒴果圆锥形，室背开裂。种子具毛。

5属约110种，主要分布在地中海和中亚。我国3属32种，主要生长在西部和北方荒漠地带。永和县1属1种。

柽柳属 *Tamarix* L.

约90种，分布于亚洲东部、欧洲西部、地中海地区至印度。我国约有18种，全国均有分布或栽培。永和县1种。

2015.05.11摄于交道沟村

柽柳 *Tamarix chinensis* Lour. 本地名：杨柳树

小乔木或灌木，高7米。老枝暗紫色或淡棕色，光亮，幼枝稠密纤细下垂。叶淡绿色，钻形或卵状披针形，长1～3毫米，先端渐尖而内弯。花小，两性，总状花序，生于当年生幼枝顶端，组成顶生大圆锥花序；花粉红色，5基数，径约2毫米；萼片卵形，绿色；花瓣长圆形，宿存；雄蕊生于花盘裂片之间，花盘5或10裂；花柱3。蒴果长圆锥形。花期4～9月，年开花2～3次，果期10月。

分布于华北、西北，以及华中、华南等地。嫩枝叶可药用。喜光，不耐遮荫，耐高温、耐严寒、耐干旱、耐水湿、耐碱土、耐修剪和刈割。

永和县乡村均有零星栽植。芝河镇交道沟村有三百年以上古树。

1 花
2 花序
3 花枝

36. 瑞香科 Thymelaeaceae

灌木，稀草本。单叶互生或对生，全缘，无托叶。花两性或单性，同株或异株；花序头状、穗状、总状或单生；苞片有或缺；花萼显著，顶端4～5裂，覆瓦状排列；花瓣缺或鳞片状；雄蕊与萼片同数或2倍；花盘环状、杯状或鳞片状，稀无花盘；子房上位，1室，稀2室，每室有倒生胚珠1；花柱顶生或偏生；柱头头状。核果、浆果或坚果，稀蒴果。

40属500种左右，广布于热带和温带地区，主产于非洲南部、地中海沿岸至大洋洲。我国9属约90种，广布全国，主产于西南、西北和华南。永和县1属1种。

荛花属 *Wikstroemia* Endl.

约50种，分布于马来西亚至东亚。我国40种，主产于长江流域以南。永和县1种。

2015.08.04摄于乐成村

河朔荛花 *Wikstromia chamaedaphne* Meisn. 本地名：羊耳子

灌木，高约1米。分枝多而纤细，无毛；幼枝近四棱形，绿色，后变为褐色。叶对生，无毛，近革质，披针形，长2.5～5.5厘米，宽0.2～1厘米，先端急尖，基部楔形，上面深绿色，下面灰绿色，两面光滑无毛；叶柄近于无。花两性，无花瓣；花序穗状或由穗状花序组成的圆锥花序，顶生或腋生，密被灰色短柔毛；花被圆筒状，黄色，裂片4；雄蕊8，2列，花丝短或无；子房卵形，被短柔毛；花柱短，柱头头状。核果卵形，有1粒种子。花期7～8月，果期9～10月。

分布于河北、河南、山西、陕西、甘肃、四川、湖北、江苏等省。蒙古也有分布。喜光，耐干旱。

永和县各乡村均有分布，主要生长在干旱瘠薄的阳坡。

1 花 2 果 3 花枝

37. 胡颓子科 Elaeagnaceae

落叶灌木或小乔木。全株被银白色或黄褐色盾形鳞片或星状绒毛。单叶，互生或对生，全缘，无托叶。花单生或数花组成叶腋生的总状或穗状花序；两性或单性，淡白色或黄褐色，具香气；花萼下部筒形，顶端4或2裂，镊合状排列；无花瓣；雄蕊与萼裂片同数而互生，或为其倍数；子房上位，包被于萼管内，1心皮1倒生胚珠；花柱细长，柱头侧生。瘦果或坚果，为增厚而肉质的萼筒所包被，核果状或翅果状。种子，有胚乳或无。

3属80余种，分布于亚洲、欧洲及北美洲的温带和热带。我国2属约60种，遍布全国各地。永和县2属3种。

分属检索表

1．花单性异株，花被片2……………………………………1. 沙棘属 *Hippophae*

1．花两性或杂性，花被片4……………………………………2. 胡颓子属 *Elaeagnus*

1. 沙棘属 *Hippophae* L.

4种，分布于欧洲和亚洲。我国4种，产于北部、西部和西南部地区。永和县1种。

中国沙棘 *Hippophae rhamnoides* ssp. *sinensis* Rousi 本地名：醋柳

落叶灌木或乔木，高1.5～10米。棘刺粗壮，顶生或侧生。嫩枝褐绿色，密被银白色而带褐色鳞片；老枝灰黑色，粗糙。单叶互生或近对生，纸质，条形或条状披针形，长2～7厘米，两端钝尖，上面幼时具银白色鳞斑，下面密被银白色或杂色鳞斑；叶柄极短。花单性异株，成短总状花序，腋生于去年枝上；雄花无柄；萼片2；雄蕊4；雌花具短柄；花萼管长椭圆形；子房上位，1室，有直立的胚珠1颗；花柱丝状，有圆柱状的柱头。果实圆球形，直径4～6毫米，橙黄色或橘红色；果梗长1～2.5毫米。种子小，阔椭圆形至卵形，黑色或紫黑色，具光泽。花期4～5月，果期9～10月。

分布于华北、西北、西南等地。喜光，耐寒、耐酷热，耐风沙及干旱气候。对土壤适应性强。

永和县四十里山、扯布山、狗头山有自然分布，主要生长于阴坡和沟底。

1

1 花枝
2 花
3 叶
4 果

2. 胡颓子属 *Elaeagnus* L.

约80种，分布于亚洲、北美洲及欧洲南部。我国有55种，各地均产，长江流域及以南地区较为普遍。永和县2种。

伞花胡颓子 2015.04.30摄于神碾岭

分种检索表

1．果为核果状或浆果状，肉质或粉质，无棱脊，具褐色或银白色鳞片，果熟时红色，果汁多……2. 伞花胡颓子 *E. umbellata*

1．果为翅果状，干棉质，具8条翅状棱脊……1. 翅果油树 *E. mollis*

1. 翅果油树 *Elaeagnus mollis* Diels.

落叶乔木或灌木，高可达10米。老枝灰色，纵裂；幼枝灰绿色，密被灰绿色星状绒毛和鳞片。芽球形，黄褐色。叶纸质，卵形或卵状椭圆形，顶端钝尖，基部钝形或圆形，上面深绿色，下面灰绿色，密被淡灰白色星状绒毛；叶柄半圆形。花两性，灰绿色至淡黄色，下垂，芳香，密被星状绒毛；单被花，萼筒钟状，裂片近三角形，顶端渐尖或钝尖，内面疏生白色星状柔毛，具明显的8肋；雄蕊4，花药椭圆形；花柱直立，上部稍弯曲，下部密生绒毛，柱头头状。坚果近圆形或阔椭圆形，具8棱脊，翅状，果肉棉质。果核纺锤形，褐色；子叶肥厚，含丰富的油脂。花期4～5月，果期8～9月。

产于山西省翼城、乡宁、蒲县等地。喜光，抗寒，抗风，耐干旱贫瘠，不耐水湿。根系发达，具根瘤，萌蘖力强，3年生萌蘖枝开始开花结果。

永和县1980年引入，署益林场、城关黑龙神圪塔、交口乡山头村有栽培，能正常开花结果，单株可达8米高。

1 花　2 果

1

2

2. 伞花胡颓子 *Elaeagnus umbellata* Thunb. 本地名：圪棘

落叶灌木或小乔木。小枝开展，有枝刺，幼枝密被银白色鳞片。叶纸质，椭圆形至倒卵状披针形，长3～8厘米，顶端钝或短渐尖，基部圆形或宽楔形，边缘全缘或皱卷至波状，上面常具银白色鳞片。花黄白色，芳香，密被银白色盾形鳞片，2～7花簇生新枝基部；萼筒圆筒状漏斗形，长于裂片；花丝极短；花柱直立，疏生白色星状柔毛。果近球形或卵形，被银白色鳞片，成熟时红色。花期5～6月，果期9～10月。

亚热带和温带地区常见的植物。我国华北、华东、西南各省区有分布。

永和县四十里山、扯布山、狗头山有自然分布，扯布山沟底有高达6米的单株。常与黄刺玫、金银木、土庄绣线菊等混生。

1 花　2 果枝　3 果

1

3

2

38. 千屈菜科 Lythraceae

草本、灌木或乔木。枝通常四棱形，有时具棘状短枝。叶对生，稀轮生或互生，全缘；托叶细小或无托叶。花两性，常辐射对称，稀左右对称，单生或簇生，或组成顶生或腋生的穗状花序、总状花序或圆锥花序；萼筒状或钟状，顶端4～8裂，稀16裂；花瓣与萼裂片同数稀无花瓣；雄蕊为花瓣的2倍，有时较多或较少，生于萼筒上；子房上位，2～6室，稀1室，胚珠倒生，多数；柱头头状，稀2裂。蒴果，种子多数，无胚乳。

约24属500余种，分布于热带和亚热带地区，少数延伸至温带。我国9属约30种。永和县引入栽培1属1种。

紫薇属 *Lagerstroemia* L.

约55种，分布于亚洲东部、东南部、南部的热带、亚热带地区，大洋洲也产。我国有16种，主要分布于华中、华南和西南。永和县引入1种。

2015.09.25摄于马家湾村

紫薇 *Lagerstroemia indica* L. 又名：痒痒树

落叶灌木或小乔木，高7米。树皮平滑，灰色或灰褐色。小枝纤细，具4棱，略成翅状。叶互生或近对生，椭圆形、阔矩圆形或倒卵形，长2.5～7厘米，宽1.5～4厘米，顶端尖或钝，基部阔楔形或近圆形，无毛或背面沿中脉有微柔毛；近无柄。顶生圆锥花序，长7～20厘米；花两性，粉红至鲜红色或紫色、白色，直径3～4厘米；花萼外面平滑，裂片6；花瓣6，皱缩，具长爪；雄蕊多数，外轮6枚花丝较长；子房6室，无毛。蒴果阔椭圆形，成熟时或干燥时呈紫黑色，室背开裂。种子有翅。花期8～9月，果期10～11月。

产于亚洲南部及大洋洲北部。我国华东、华中、华南及西南地区均有分布，各地普遍栽培。喜暖湿气候，喜光，略耐阴，喜肥，尤喜深厚肥沃的沙质壤土。观赏树种。

永和县2010年引入，县城青少年活动中心、阁底至石家湾路旁有栽植，地上部分越冬有抽干现象。

1 花 2 果 3 叶

2

3

39. 石榴科 Punicaceae

落叶灌木或小乔木。冬芽小，芽鳞2对。单叶对生或簇生，全缘，无托叶。花两性，1～5朵顶生或腋生；萼筒钟状或筒状，裂片5～7，镊合状排列；花瓣5～7，覆瓦状排列；雄蕊多数；子房下位，多室，两层叠生，上层为侧膜胎座，下层为中轴胎座；胚珠多数；花柱1，柱头头状。浆果球形，萼裂片宿存于果顶，果皮肥厚革质。种子多数，外种皮肉质，内种皮骨质，无胚乳。

1属2种，产于地中海至亚洲西部地区。我国引入栽培1种。永和县引入1种。

1

2

石榴属 *Punica* L.

形态特征同科。

石榴 *Punica granatum* L.

落叶乔木或灌木，高2～7米。小枝四棱形，平滑，顶端多为刺状。叶光亮无毛，倒卵形至距圆状披针形，长2～8厘米，宽1～3厘米。花1至数朵，有短梗；花萼紫红色，5～7裂，花瓣与萼片互生，红色，皱缘；花丝细弱，生于花萼上。果径3～6厘米。花期5～7月，果期9～10月。

华北、华东、华中、华南、西北、西南均有栽培。喜光，喜温暖，耐旱，也耐寒。我国传统文化视石榴为吉祥物，是多子多福的象征。

永和县高家塬村2010年引入庭院栽培，能正常开花结果，有抽梢现象。

2016.05.26摄于高家塬村

1 花　2 幼果

40. 山茱萸科 Cornaceae

落叶或常绿，乔木或灌木，极稀草本。单叶对生或互生，稀轮生；无托叶。花两性或单性异株，常组成圆锥、伞形、聚伞花序及头状花序，具苞片或总苞片；花萼管状，与子房合生，先端4～5裂；花瓣4～5，镊合状或覆瓦状排列；雄蕊与花瓣同数而互生，子房下位。核果或浆果状核果。种子1～2，具胚乳。

约14属160余种，分布于北温带及热带高山地区，个别属分布于北半球寒带。我国5属50余种，除新疆、宁夏外，其余各省区均有分布。永和县引入2属2种。

分属检索表

1．聚伞花序，无总苞片，花多白色；核果通常近球形……………………1. 株木属 *Cornus*

1．伞形花序，总苞片小，花黄色；核果长椭圆形……………………2. 山茱萸属 *Macrocarpium*

1. 株木属 *Cornus* L.

约33种，分布于北温带。我国约20种，分布于东北、华南和西南各地。永和县引入1种。

1

2

毛梾 *Cornus walteri* Wanger. 又名：黑椋子

落叶乔木，高达12米。树皮厚，灰黑色，方块状裂。小枝黄绿色至红褐色，略有棱角。叶对生，纸质，椭圆形、长圆椭圆形或阔卵形，长4～12厘米，宽2.7～5.3厘米，先端渐尖，基部楔形，上面深绿色，稀被贴生短柔毛，下面淡绿色，密被贴生短柔毛，侧脉4～5对，弓形内弯；叶柄长13.5厘米。伞房状聚伞花序顶生，被灰白色短柔毛；萼绿色，齿三角状；花瓣白色，长圆披针形；雄蕊4，无毛；花盘明显，垫状或腺体状，无毛；花柱棍棒状，柱头头状，子房下位。核果球形，成熟时黑色。花期5月，果期9月。

产于辽宁、河北、山西南部以及华东、华中、华南、西南各省区。

永和县1978年引入，南庄林场有栽培，生长良好，能正常开花结果。

1 果　2 花　3 树干

2. 山茱萸属 *Macrocarpium* (Spach) Nakai

4种，分布于北半球温带。我国2种。永和县引入1种。

山茱萸 *Macrocarpium officinale* (Sieb. et Zucc.) Nakai 又名：山萸肉

落叶灌木或小乔木，高达10米。树皮灰褐色，片状剥落。叶对生，卵形或卵状椭圆形，长4～10厘米，先端渐尖，基部宽楔形或近于圆形，全缘，上面绿色，下面浅绿色，稀被白色贴生短柔毛；侧脉6～7对，弓形内弯。花小，两性，先叶开放，伞形花序生于枝侧，有总苞片4，卵圆形，带紫色；萼4裂，阔三角形，无毛；花瓣4，黄色，向外反卷；雄蕊4，与花瓣互生；花盘肉质，垫状；子房2室，花柱圆柱形，柱头截形。核果长椭圆形，红色至紫红色。花期3～4月，果期9～10月。

产于山西、陕西、甘肃、山东、江苏、浙江、安徽、江西、河南、湖南等省。暖温带喜光树种，抗寒性强，宜栽于排水良好，富含有机质的沙壤土中。药用树种。

永和县1980年引入，交道沟村、桑壁辛庄村有栽培，能正常开花结果。

1 果 2 花

41. 柿树科 Ebenaceae

落叶或常绿，乔木或灌木。单叶互生，全缘。花单性，多雌雄异株，雌花腋生，雄花常生在小聚伞花序上；萼片3～7裂，宿存，果时增大；合瓣花冠，3～7裂，裂片旋转状排列；子房上位，中轴胎座，2～16室，每室胚珠1～2。浆果肉质，种子胚乳丰富。

约5属450余种，分布于热带、亚热带。我国2属50余种，主产于南部。永和县1属2种。

柿属 *Diospyros* L.

约400种，主产于热带地区。我国有57种，主要分布于西南部至东南部。永和县2种。

柿树 2016.05.17摄于马家湾村

分种检索表

1. 小枝及叶下面被黄褐色毛，叶近椭圆形；花黄白色或白色；浆果熟时橙黄色，径大于3厘米 ………… 1. 柿 *D. kaki*

1. 小枝及叶下面被灰色毛；叶近卵形；花淡黄至淡红色；浆果熟时黄色、晒干后变蓝黑色，径小于2厘米 ………… 2. 君迁子 *D. lotus*

1. 柿 *Diospyros kaki* L. f. 又名：柿树

落叶大乔木，高10～14米。树皮深灰色至灰黑色，或者黄灰褐色至褐色，沟纹较密，裂成长方块状。小枝褐色，被淡褐色短柔毛。叶卵状椭圆形至倒卵形或近圆形，通常较大较厚，长5～18厘米，宽2.8～9厘米，先端渐尖或钝，基部圆形或宽楔形，老叶上面有光绿色，无毛，下面淡绿色，沿脉有黄褐色毛；叶柄上面有浅槽。花雌雄异株或杂性同株，黄白色或近白色；萼及花冠钟状，皆4裂；雄蕊16～24枚，子房常8室。浆果，扁球形、圆卵形或扁圆方形，径3.5～10厘米，熟后变橙红色或橘黄色，萼宿存。花期5～6月，果期9～10月。

我国分布较广，主产于黄河流域。抗旱、耐湿，管理简便，结果早，产量高，经济寿命长，结果年限在100年以上。

永和县沿黄河乡村有栽培，生长良好。海拔高于1200米地方，越冬困难，不易栽培。

1 花 2 夏果 3 秋果

2. 君迁子 *Diospyros lotus* L. 本地名：软枣

落叶乔木，高10米。树皮暗褐色，深裂成方块状。小枝灰色至灰褐色，被灰色柔毛。叶椭圆形至长圆形，长6～12厘米，宽3～6厘米，表面密生柔毛后脱落，背面灰色或苍白色，脉上有柔毛。雌雄异株，花淡黄色或淡红色，单生或簇生叶腋；花萼及花冠4裂；雄花2～3簇生；雌花单生。果实近球形或长椭圆形，直径1～2.5厘米，熟时黄色，晒干后变蓝黑色，外被白蜡层，萼宿存，近无柄。花期5～6月，果熟10～11月。

广泛分布于我国北方地区。喜光、耐半阴，耐寒、耐旱性均比柿树强。永和县沿黄河乡村有栽植，生长良好。

42. 木犀科 Oleaceae

常绿或落叶，乔木或灌木，稀藤本。单叶或奇数羽状复叶，对生，稀互生或轮生；无托叶。圆锥花序、聚伞花序或花簇生，顶生或腋生；花辐射对称，两性或有时为单性，雌雄同株或杂性异株；花萼常4裂，稀5～12裂或无；花冠合瓣，4裂，稀5～12裂或缺；雄蕊常2枚，稀3～5；子房上位，2室，花柱单生，柱头2裂或头状。核果、蒴果、浆果或翅果。种子1～4，稀多数。

约29属600余种，广布于温带、亚热带和热带各地。我国13属约200种。永和县4属8种。

分属检索表

1．果为翅果，线形或倒披针形，顶部伸长；羽状复叶，缘稍有齿……1. 白蜡树属 *Fraxinus*

1．果为蒴果、浆果状核果……2

2．蒴果……3

2．浆果状核果……4. 女贞属 *Ligustrum*

3．花黄色，花冠筒比裂片短……3. 连翘属 *Forsythia*

3．花紫色、淡红色或白色，花冠筒比裂片长……2. 丁香属 *Syringa*

华北紫丁香 2016.04.28摄于扯布山

1. 白蜡树属 *Fraxinus* L.

约70余种，分布于北半球暖温带。我国产27种，遍及各省区。永和县引入1种。

白蜡树 *Fraxinus chinensis* Roxb.

落叶乔木，高10～12米。树皮灰褐色，纵裂。小枝黄褐色，粗糙。奇数羽状复叶，长15～25厘米；叶轴上面具浅沟；小叶5～7枚，硬纸质，卵形、倒卵状长圆形至披针形，长3～10厘米，顶生小叶稍大于侧生小叶，先端锐尖至渐尖，基部钝圆或楔形，叶缘具整齐锯齿，上面无毛。圆锥花序长8～10厘米；雌雄异株；花萼小，杯状，无毛；无花冠。翅果匙形，长3～4厘米，宽4～6毫米；宿存萼紧贴于坚果基部，常在一侧开口深裂。花期4～5月，果期7～9月。

产于我国南北各省区。喜光、稍耐阴，喜温暖湿润气候，耐寒，耐涝，耐干旱，耐修剪。生长较快，寿命较长。多为栽培。永和县1982年引入，坡头村有栽植。

1 雌花
2 雄花
3 树干
4 叶
5 果

2. 丁香属 *Syringa* L.

共40种，主要分布于亚热带亚高山、暖温带至温带的山坡林缘、林下及寒温带的向阳灌丛中。我国约30种，分布于东北至西南。永和县3种。

分种检索表

1．花冠筒不比萼长或略长；花白色 ……………… 1. 暴马丁香 *S. reticulata* var. *amurensis*

1．花冠筒远比萼长；花紫色 ……………… 2

2．叶无毛，基部有疏生短柔毛；花径1厘米；蒴果椭圆形，长1～2厘米 ……………… 2. 华北紫丁香 *S. oblata*

2．叶有毛，宽卵形或卵形；花径8毫米以下；蒴果圆柱形，长1～1.5厘米 ……………… 3. 小叶丁香 *S. pubescens*

暴马丁香 2016.06.06摄于扯布山沟底

1. 暴马丁香 *Syringa reticulata* var. *amurensis* (Rupr.) Pringle 本地名：黑老哇木

落叶乔木，高4～10米。树皮暗灰褐色，具细裂纹。枝灰色、黄色，直立至开展，无毛，具皮孔。叶片纸质，宽卵形、卵形至椭圆状卵形，或为长圆状披针形，长2.5～13厘米，先端突尖、渐尖或钝，基部圆形、宽楔形至截形，上面淡绿色，下面灰绿色；叶柄长1～2.5厘米，无毛。圆锥花序大而稀疏，长20～25厘米；萼小，钟形；花冠白色，裂片卵形，先端锐尖；花丝与花冠裂片近等长或长于裂片，花药黄色。蒴果长椭圆形，长1～2厘米，先端尖，光滑或具皮孔状凸起。花期6～7月，果期10月。

分布于东北、华北、西北等地。喜光，耐阴，耐寒，耐旱，耐瘠薄。

永和县四十里山、扯布山、狗头山有分布。在立地条件较好的沟道，树高可达12米，胸径达20厘米以上。

2015.10.18摄于扯布山沟底

1 花 2 果

1

2

2. 华北紫丁香 *Syringa oblata* Lind. 本地名：龙柏梢

灌木或小乔木，高可达5米。树皮灰褐色。小枝、花序轴、花梗、苞片、花萼、幼叶两面以及叶柄密被腺毛。小枝疏生皮孔。叶片革质或厚纸质，卵圆形至肾形，宽常大于长，长3～10厘米，宽3～11厘米，先端短渐尖或锐尖，基部心形至截形，全缘。圆锥花序顶生；花萼4裂，裂片三角形；花冠紫色，裂片呈直角开展或反卷。蒴果椭圆形，褐色，长1～2厘米，先端尖，光滑。花期4～5月，果期6～10月。

原产于我国华北地区，现在广泛栽培于世界温带地区。适应性较强，喜光耐阴、耐寒、耐旱、耐瘠薄。

永和县四十里山、扯布山、狗头山均有分布。阴坡常与虎榛子、黄刺玫、小叶丁香、胡枝子等混生；阳坡常与小叶鼠李、山桃、旱榆等混生。

1 花枝
2 果枝
3 果

3. 小叶丁香 *Syringa pubescens* Turcz. 又名：巧玲花

1 果 2 花

落叶灌木，高2～4米。树皮灰褐色。小枝带四棱形，疏生皮孔。叶卵形、椭圆状卵形、菱状卵形或卵圆形，长1.5～8厘米，宽1～5厘米，先端锐尖至渐尖或钝，基部宽楔形至圆形，叶缘具睫毛，上面深绿色，无毛或有疏柔毛，下面淡绿色，被短柔毛，脉上尤密；叶柄被柔毛。圆锥花序直立，长5～16厘米；花序轴明显四棱形；花萼长1.5～2毫米，截形具齿；花冠盛开时呈淡紫色，后渐近白色，花冠管细弱，长0.7～1.7厘米，裂片展开或反折；花药紫色，生于花冠管中部略上。蒴果圆柱形，长1～1.5厘米，具疣状突起，先端锐尖或具小尖头。花期4～5月，果期6～10月。

主要分布在华北、东北、西北及长江流域。喜光，也耐半阴。适应性较强，耐寒、耐旱、耐瘠薄，病虫害较少。

3. 连翘属 *Forsythia* Vahl.

7种，分布于欧洲至日本。我国有4种，产于西北至东北和东部。永和县2种。

分种检索表

1. 枝条髓部中空；单叶，或3裂至三出复叶；花冠黄色……………………1. 连翘 *F. suspensa*
1. 枝条髓部呈片状；单叶；花冠深黄色……………………2. 金钟花 *F. viridissima*

1. 连翘 *Forsythia suspensa* (Thunb.) Vahl.

落叶灌木，高3～4米。枝开展或下垂，小枝土黄色或灰褐色，呈四棱，疏生皮孔，节间中空。单叶，或3裂至三出复叶，卵形、宽卵形或椭圆状卵形至椭圆形，长2～10厘米，先端锐尖，基部圆形、宽楔形至楔形，具锐锯齿或粗锯齿，上面绿色，下面淡绿色；叶柄无毛。花单生叶腋，先叶开放；花萼绿色，裂片长圆形或长圆状椭圆形，边缘具睫毛，与花冠管近等长；花冠黄色。果狭卵形或长椭圆形，先端喙状渐尖，长约1.5厘米，具疣突。种子棕色，狭椭圆形，扁平，具膜质翅。花期3～4月，果期7～9月。

我国除华南地区外，其他各地均有栽培。喜光，较耐阴；喜温暖，湿润气候；耐寒、耐旱、耐瘠薄，不耐水湿；在中性、微酸或碱性土壤中均能正常生长。

永和县四十里山、扯布山、狗头山有片状分布，主要生长在阴坡，与虎榛子、金银木、水栒子等混生。

1

2

1 花 2 果 3 叶

连翘 2016.04.10摄于神[illegible]岭

3

2. 金钟花 *Forsythia viridissima* Lindl.

落叶灌木，高达3米。全株除花萼裂片边缘具睫毛外，其余均无毛。枝棕褐色或红棕色，直立；小枝黄绿色，呈四棱形，皮孔明显，具片状髓。单叶长椭圆形至披针形，长3.5～15厘米，先端尖，基部楔形，常上半部具不规则锐锯齿或粗锯齿，稀全缘，上面深绿色，下面淡绿色，中脉和侧脉在上面凹入，下面凸起；叶柄长6～12毫米。花1～3朵生于叶腋，先叶开放；萼裂片绿色，卵形、宽卵形或宽长圆形，具睫毛；花冠深黄色，内面基部具橘黄色条纹。果卵形或宽卵形，先端喙状渐尖，长1～1.5厘米，基部稍圆，具疣突。花期3～4月，果期8～11月。

分布于我国江苏、安徽、浙江、江西、福建、湖北、湖南及云南等地。喜光、耐半阴，耐旱，耐寒，忌湿涝。

永和县2010年引入，国家黄河蛇曲地质公园有栽植。

1 花 2 果

2015.08.17摄于阁底乾坤湾

4. 女贞属 *Ligustrum* L.

约50余种，分布于欧洲和亚洲。我国约38种，多分布于南部和西南部。永和县引入2种。

分种检索表

1．半常绿或落叶，新叶金黄色，花冠筒与花冠裂片等长 ………………………… 2. **金叶女贞** ***L.* × *vicaryi***

1．落叶，新叶不为金黄色，花冠筒比花冠裂片长2～3倍 ………………………… 1. **水蜡树** ***L. obtusifolium***

1. 水蜡 *Ligustrum obtusifolium* Sieb. et Zucc.

落叶灌木，高达3米。幼枝具柔毛。单叶对生，叶椭圆形至长圆状倒卵形，长3～5厘米，全缘，端尖或钝，背面或中脉具柔毛。圆锥花序生于侧面小枝顶部、下垂，长4～5厘米；花白色，芳香，具短梗；萼具柔毛；花冠筒比花冠裂片长2～3倍。核果黑色，椭圆形，稍被蜡状白粉。花期5月，果期10月。

原产于我国。山东、河南、河北、江苏、安徽、江西、湖南、陕西、辽宁等省均有栽培。喜光、稍耐阴，较耐寒，萌芽力强，生长快，易移栽，耐修剪。病虫害很少。

永和县2010年引入，用于街道绿化，能正常开花结果。

1 花　2 果

2. 金叶女贞 *Ligustrum × vicaryi* Hort.

半常绿或落叶灌木，是金边卵叶女贞和欧洲女贞的杂交种。高1～2米，冠幅1.5～2米。叶片较大叶女贞稍小，单叶对生，革质，椭圆形或卵状椭圆形，长2～5厘米，端渐尖，有短芒尖，基部圆形或阔楔形，新叶呈金黄色。总状花序，小花白色。核果阔椭圆形，紫黑色。6月开花，10月下旬果熟。

喜光、稍耐阴，耐寒能力较强，不耐高温高湿。叶色金黄，尤其在春秋两季色泽更加璀璨亮丽，冬季叶片变为褐黄色。永和县2010年引入，县政府机关院内有栽植。

1 花序　2 花　3 叶

43. 马钱科 Loganiaceae

落叶或常绿，灌木或乔木。单叶对生或轮生，稀互生，全缘或有齿；托叶退化。花常两性，辐射对称，单生或组成各式花序，顶生或腋生；花萼4～5裂；合瓣花冠，4～5裂，少数8～16裂；雄蕊常生于花冠管内壁上，与花冠裂片同数，且与其互生，稀退化为1枚；无花盘或有盾状花盘；子房上位，稀半下位，花柱单生，柱头2～4裂。蒴果、浆果或核果。种子有时具翅。

35属600多种，分布于热带至温带地区。我国9属60余种，分布于西南部至东部，中心在云南。永和县1属1种。

醉鱼草属 *Buddleja* L.

约100种，分布于美洲、非洲和亚洲的热带至温带地区。我国约34种，除东北地区及新疆外，各省区均有。永和县1种。

2015.05.26摄于洪洞塬

互叶醉鱼草 *Buddleja alternifolia* Maxim.

本地名：白尖梢

灌木，高达3米。长枝开散，细弱，上部常弧状弯垂。叶互生，披针形，长3～8厘米，顶端急尖或钝，基部楔形，通常全缘或有波状齿，上面深绿色，下面密被灰白色星状短绒毛；叶柄短。花两性，多朵组成簇生状或圆锥状聚伞花序，常生于二年生的枝条上；花萼钟状，具四棱，密被灰白色星状绒毛；花冠紫蓝色，顶端4裂；雄蕊4，生于花冠筒内壁中部；子房长卵形，无毛，柱头卵状。蒴果椭圆状，无毛。种子多数，有短翅。花期5～6月，果期9～10月。

我国特产，内蒙古、河北、山西、陕西、宁夏、甘肃、青海、河南、四川和西藏等省区有分布。

永和县南北均有分布，主要生长于荒山荒坡上。

1 花枝　2 果　3 花

44. 夹竹桃科 Apocynaceae

常绿或落叶，灌木或木质藤本、稀乔木或草本。具乳汁液。单叶对生、轮生，稀互生，全缘，稀有细齿；羽状脉；常无托叶。花两性，辐射对称，单生或组成聚伞花序，顶生或腋生；萼片5，稀4，基部合生成筒状或钟状；花冠合瓣，5裂，稀4，覆瓦状排列，稀镊合状排列；雄蕊5枚，生于花冠筒上或花冠喉部，内藏或伸出；子房上位，稀半下位，1～2室；花柱1枚，基部合生或分开；柱头通常环状、头状或棍棒状，顶端通常2裂。浆果，核果，蒴果或蓇葖果。种子扁圆形，常一端被毛，稀两端被毛或仅有膜翅；有胚乳。

约250属2000余种，主要产于热带和亚热带地区。我国46属约176种，主要分布在长江以南各地。永和县1属1种。

罗布麻属 *Apocynum* L.

约14种，广布于北美洲、欧洲及亚洲的温带地区。我国1种，分布于西北、华北、华东及东北各省区。永和县1种。

罗布麻 *Apocynum venetum* L.

本地名：红柳子草

半灌木，高2～3米，具乳汁。枝条对生或互生，圆筒形，光滑无毛，紫红色或淡红色。叶对生，在分枝处为近对生，叶片椭圆状披针形至卵圆状长圆形，长1～5厘米，顶端具短尖头，基部急尖至钝，缘具细牙齿，两面无毛。花两性，圆锥状聚伞花序，顶生或腋生；萼5深裂，两面被短柔毛，边缘膜质；花冠圆筒状钟形，紫红色或粉红色，裂片内外均具3条明显紫红色的脉纹；雄蕊生于花冠筒基部，与副花冠裂片互生。蓇葖果2，平行或叉生，下垂，箸状圆筒形，长8～20厘米，外果皮棕色，无毛。种子多数，卵圆状长圆形，黄褐色。花期7～8月，果期9～10月。

我国盛产于新疆，东北、华北等地有分布。永和县沿黄河村庄有零星分布，生长于水肥条件较好的地埂地畔。

1 花　2 果

45. 萝摩科 Asclepiadaceae

草本、灌木或藤本，有乳汁。单叶对生或轮生，具柄，全缘，羽状脉，无托叶。聚伞花序伞形，有时伞房状或总状，腋生或顶生；花两性，整齐，5数；花萼筒短，裂片5；花冠合瓣，5裂片，常具副花冠，生在花冠筒上或雄蕊背部或合蕊冠上；雄蕊5，与雌蕊粘生成合蕊柱；雌蕊1，子房上位，2心皮，离生，花柱2，合生，柱头基部具5棱，顶端各式；胚珠多数，数排，侧膜胎座。蓇葖果双生或单生。种子多数，顶端有绢毛。

约180属2200种，分布于世界热带、亚热带，少数温带地区。我国44属245种，主产西南及东南部，少数产于西北与东北各省区。永和县1属1种。

杠柳属 *Periploca* L.

约12种，分布于亚洲温带地区、欧洲南部和热带非洲。我国有4种，分布于东北、华北、西北、西南地区。永和县1种。

杠柳 *Periploca sepium* Bunge 本地名：羊条梢

落叶缠绕灌木，高1～5米。除花外，全株无毛；茎皮灰褐色；小枝通常对生，具皮孔。叶卵状长圆形，长5～9厘米，顶端渐尖，基部楔形，叶面深绿色，叶背淡绿色。聚伞花序腋生，1～5朵；花萼裂片卵圆形，顶端钝；花冠紫红色，辐状，径1.5～2厘米，花冠筒短；副花冠环状，10裂，其中5裂延伸丝状被短柔毛，顶端向内弯；雄蕊生于副花冠内面；心皮离生，无毛。蓇葖果双生，长圆柱形，长8～11厘米，两端渐细尖，无毛，具有纵条纹。种子长圆形，黑褐色，顶端具白色绢质种毛。花期5～6月，果期7～9月。

我国主要分布在西北、东北、华北地区及河南、四川、江苏等地。喜光，耐寒，耐旱，耐瘠薄，耐阴。对土壤适应性强，具有较强的抗风蚀、抗沙埋的能力。

永和县乡村均有分布，缠绕其他灌木时可达数米，成片分布时株高1米左右。

1 花
2 冬果
3 果

46. 马鞭草科 Verbenaceae

落叶灌木或乔木，稀为草本。幼茎常四棱形。单叶或复叶，对生，稀轮生，无托叶。花两性，两侧对称，常偏斜或唇形，稀辐射对称；花序多样；花萼4～5裂，筒状连合，宿存；花瓣4～5，覆瓦状排列；雄蕊4，常2强，生于花冠筒上；花盘不显著；子房上位，2心皮，全缘或4裂，2～4室，少有2～10室，每室胚珠1～2。核果或浆果，小坚果。无胚乳。

约80余属3000余种，主要分布在全球的热带和亚热带地区，少数延至温带。我国有21属175种，多分布在长江以南地区，北方也有分布。永和县1属1种。

牡荆属 *Vitex* L.

约250种，主要分布于热带和温带地区。我国有14种，南北均产，主产于长江以南各地。永和县1种。

2016.06.06摄于楼山

荆条 *Vitex negundo* var. *heterophylla* (Franch.) Rehd.

灌木或小乔木。小枝四棱形，密生灰白色绒毛。掌状复叶，小叶5，少有3；小叶片长圆状披针形至披针形，顶端渐尖，基部楔形，背面密生灰白色绒毛；中间小叶长4～13厘米，两侧小叶依次递小。聚伞花序排成圆锥花序，顶生，长10～27厘米；花萼钟状，5裂齿；花冠淡紫色，5裂，二唇形；雄蕊伸出花冠管外；子房近无毛。核果近球形，径约2毫米；宿萼接近果实的长度。花期6月，果期9月。

我国北方地区广为分布。耐寒，耐旱，耐瘠薄，耐修剪。

永和县西南部分布较多，主要生长在石质山区阳坡和沟道的干燥地带。当年萌生枝可以编筐。

1 花　2 果枝　3 花枝

47. 唇形科 Labiatae

草本，稀灌木。常含芳香油。常具四棱及沟槽的茎和对生或轮生的枝条。单叶或复叶，对生稀轮生。聚伞花序常腋生，成轮伞花序，再组成总状、穗状或圆锥状复合花序，很少单花。花两性，稀杂性，两侧对称，二唇形；花萼合生，宿存，顶端5或4齿，常二唇形；花冠合瓣，常伸出萼外，5裂稀4裂，常二唇，稀单唇；雄蕊在花冠上着生，4枚稀2枚；花药2室，纵裂；花盘通常肉质；雌蕊由2心皮合生；子房上位，4深裂，4室，每室倒生胚珠1，花柱1，柱头2裂；花盘发达，全缘或分裂。坚果，稀核果。

约有220属3500余种，广布于世界各地，主要分布在地中海沿岸和小亚细亚半岛，是干旱地区的主要植被。我国有99属800余种。永和县1属1种。

百里香属 *Thymus* L.

300～400种，分布在非洲北部、欧洲及亚洲温带。我国有11种，产于西北至东北。永和县1种。

2015.05.07摄于河会里

地椒　*Thymus quinquecostatus* Celka.　又名：地花椒

矮小灌木。茎斜上升或近水平伸展；不育枝从茎基部或直接从根茎长出，被柔毛；花枝直立，稍四棱形，高3～15厘米，被柔毛。叶长圆状椭圆形或长圆状披针形，长7～13毫米，先端钝或锐尖，基部渐狭成短柄，全缘，外卷，近革质，两面无毛，背面腺点明显，有香味。头状花序；花梗短，密被短柔毛；花萼筒状钟形，绿色或紫蓝色，上唇3裂，齿披针形，下唇2裂，齿针刺状；花冠粉红色或带紫色；雄蕊4，2强，外露，花药紫色，柱头2裂。小坚果，近球形。花期5～7月，果期8～9月。

主产地为南欧的法国、西班牙、地中海国家和埃及。我国多产于黄河以北地区，特别是西北地区。

分布于永和县海拔500多米的黄河滩。耐寒，耐旱，耐高温。为药用小灌木。

1 叶　2 花

48. 茄科 Solanaceae

草本、灌木或小乔木。直立或攀缘。茎有时有刺。单叶或羽状复叶，互生；无托叶。花单生、簇生或为各种形式的聚伞花序；花两性，稀杂性；花萼下位，宿存；花冠合瓣，形状各式；雄蕊与花冠裂片同数互生，生于花冠筒上部或基部，花药2，药室纵裂或孔裂；子房2室，或不完全3～5室，中轴胎座，胚珠多数。浆果或蒴果。种子多数。

约80属3000种，广泛分布于全世界温带及热带地区，美洲热带种类最为丰富。我国24属100余种，各地都有分布。永和县1属1种。

枸杞属 *Lycium* L.

约80种，分布于温带地区。我国有7种，主产西北部和北部。永和县1种。

1

2

枸杞 *Lycium chinense* Mill.

本地名：枸杞子

落叶灌木，高1米。枝细弱，有纵条纹，具棘刺。单叶互生或2～4枚簇生，卵形至卵状披针形，长1.5～5厘米，顶端急尖，基部楔形，全缘，无毛；叶柄长0.4～1厘米。花常1～4簇生于叶腋；花萼常3中裂或4～5齿裂；花冠漏斗状，长0.9～1.2厘米，淡紫色，5深裂，平展或稍向外反曲，边缘有缘毛；雄蕊5，花丝基部密生绒毛；花柱稍伸出雄蕊，柱头绿色。浆果红色，卵状，长7～15毫米。种子扁肾形，黄色。花期6～9月，果期9～10月。

产于我国华北各地，各省区也有栽培。广泛分布于永和县村旁路旁、地埂地畔。药用树种。

49. 玄参科 Scrophulariaceae

草本、灌木少乔木。叶互生、对生或轮生，无托叶。两性，排成各种花序；萼4～5裂，常宿存；花冠4～5裂，常呈二唇形；雄蕊常4，2强，花药2室，纵裂；子房上位，2室；柱头2裂或不裂；胚珠多数，倒生或横生。蒴果或浆果。种子细小，具胚乳。

约200属3000余种，广布于全球各地，多数在温带地区。我国57属约600余种，主要分布于西南部山地。永和县引入1属1种。

泡桐属 *Paulownia* Sieb. et Zucc.

共7种，均产于我国，除东北北部、内蒙古、新疆北部、西藏等地区外全国均有分布。永和县引入1种。

毛泡桐 *Paulownia tomentosa* (Thunb.) Steud. 又名：紫花泡桐

乔木高达20米。树冠宽大伞形，树皮浅灰色或褐灰色；小枝有明显皮孔，幼时常具黏质短腺毛和分枝毛。叶片卵形或近心形，长达20～30厘米，顶端锐尖或渐尖，基部心形，全缘或波状3～5浅裂，两面均有毛；叶柄常有黏质短腺毛。聚伞花序为金字塔形或狭圆锥形，长40～60厘米；萼浅钟形，长约1.5厘米，外面绒毛不脱落；花冠漏斗状钟形，外面淡紫色，有毛，内面白色，有紫色条纹，长5～7.5厘米，二唇形。蒴果卵圆形，长3～4.5厘米。种子连翅，长约2.5～4毫米。花期4～5月，果期8～9月。

我国华北除内蒙古外均产，西北、东北南部和长江流域也有分布。耐寒，耐旱，耐盐碱，耐风沙，抗性很强。

永和县1970年引入，有零星栽培。县城内有树高15米，胸径1米的大树。

1

2

1 花枝 2 花 3 果 4 叶

3

4

50. 紫葳科 Bignoniaceae

乔木、灌木或木质藤本，稀草本。叶对生或轮生，稀互生，单叶或一至三回羽状复叶，无托叶。花两性，二唇形，单生或总状或圆锥花序；花萼钟形，全缘或2～5裂；花冠合瓣，5裂，裂片覆瓦状排列，呈二唇形；雄蕊与花冠裂片互生，生于花冠筒上，通常有4或2枚雄蕊发育；子房上位，2心皮，2室或1室，胚珠多数，具花盘；花柱细长，2裂。蒴果稀浆果。种子扁平，具膜翅或丝毛；无胚乳。

约120属650余种，广泛分布于热带、亚热带和温带地区。我国约22属49种，南北各地均有分布。永和县1属2种。

梓树属 *Catalpa* Scop.

约13种，分布于美洲和亚洲。我国5种，除南部外，各地均有分布。永和县2种。

楸树 2015.04.30摄于长耳庄村

分种检索表

1．花淡黄色，花序具花100余朵；叶阔卵形或近圆形，五出脉，下面基部脉腋有紫黑色腺斑……………………1. 梓树 *C. ovata*

1．花白色或淡红、紫色，花序具花常在20朵以下；叶三角状卵形或卵状长椭圆形，三出脉，下面基部脉腋有黄绿色或紫色腺斑……………………2. 楸树 *C. bungei*

1. 梓树 *Catalpa ovata* Don 又名：黄花楸

落叶乔木，高达10～15米。树皮暗灰色或灰褐色，浅纵裂。小枝黄褐色或深褐色。叶阔卵形，长宽相近，10～25厘米，顶端渐尖，基部心形，全缘或浅波状，常3浅裂，掌状五出脉，脉腋间有紫黑色腺斑4个；叶柄长5～15厘米。圆锥花序顶生，长10～18厘米；花萼圆球形，长6～8毫米；花冠钟状，浅黄色，边缘波状，内有2黄色条带及暗紫色斑点。蒴果线形，下垂，深褐色，长20～35厘米，冬季不落。花期6月，果期8～10月。

分布于我国长江流域及以北地区、东北南部、华北、西北、华中、西南，日本也有。适应性较强，喜温暖，也能耐寒。不耐干旱瘠薄。

永和县1975年引入，栽植在海拔1200米的南庄乡大寨岭林场。因干旱瘠薄，40年树龄，树高不足6米，胸径仅15厘米左右，生长缓慢。

1 花 2 果

2. 楸树 *Catalpa bungei* C. A. Mey.

落叶乔木，高8～12米。树皮灰褐色或黑褐色，浅纵裂。小枝灰褐色，有光泽。叶三角状卵形或卵状长圆形，长6～15厘米，顶端渐尖，基部截形、阔楔形或心形，全缘或有浅裂，两面无毛，掌状三出脉，基部脉腋有2个紫色腺斑；叶柄长2～8厘米。总状花序成伞房状，顶生，有花3～12朵；花萼蕾时圆球形，二唇开裂；花冠白色，内具2黄色条纹及暗紫色斑点。蒴果长25～45厘米。种子狭长椭圆形，两端生长毛。花期4～5月，果期6～10月。

原产于中国，分布于华北、华东、陕西及河南等地。喜光，较耐寒，寿命长。

永和县南北都有栽植，生长良好。长耳庄村、李塬里村有百年以上古树。

1 花　2 果

51. 茜草科 Rubiaceae

落叶或常绿乔木、灌木或草本，有时为藤本。枝有时具刺。叶对生稀轮生，常全缘，稀有齿；托叶常分离或合生，有时变为叶状。花序各式，均由聚伞花序复合而成；花两性稀单性，辐射或两侧对称，各式排列；萼常4～5裂，稀更多，与子房合生；花冠合瓣，4～5裂，裂片镊合状、覆瓦状或旋转状排列；雄蕊与花冠裂片同数，生于花冠筒上；子房下位，子房室数与心皮数相同，每室胚珠1至多数。浆果、蒴果或核果。

约500属6000种，广布于全世界的热带和亚热带，少数分布至北温带。我国有75属477种，主要分布在东南部、南部和西南部，少数分布于西北部和东北部。永和县1属1种。

1 花枝　2 3 花

薄皮木属 *Leptodermis* Wall.

共30种，分布于喜马拉雅区至日本。我国有20种，南北均有分布，主产地为西南部。永和县1种。

薄皮木 *Leptodermis oblonga* Bunge
本地名：栾栾柴

落叶小灌木，高达1.5米。小枝灰色至淡褐色，被细柔毛。叶纸质，对生或假轮生，椭圆状卵形至矩圆形，长0.7～2.5厘米，顶端渐尖或稍钝，基部渐狭成柄，上面粗糙，下面被短柔毛；叶柄短；托叶膜质，三角形。花常5基数，无梗，常2～10朵簇生枝顶；小苞片合生，透明；萼裂片阔卵形，边缘密生缘毛；花冠淡紫红色，漏斗状，顶端内弯；雄蕊微伸出；子房5室。蒴果椭圆形。种子有假种皮。花期5～6月，果期8～9月。

我国华中、华北、西北有分布。喜光、耐半阴，喜温暖湿润气候，亦耐寒、耐旱。

永和县分布广泛，在岩石缝隙和土石山坡较多见。

52. 忍冬科 Caprifoliaceae

落叶或常绿，灌木或木质藤本，稀小乔木或草本。单叶或羽状复叶，对生，稀有托叶。聚伞花序或由聚伞花序排列成各种花序，有时簇生或单生；花两性，辐射对称或两侧对称；极少杂性，整齐或不整齐；萼筒贴生于子房，4～5裂；花冠合瓣，具冠筒，4～5裂片，有时二唇形，覆瓦状或稀镊合状排列；雄蕊5枚，或4枚2强，生于花冠筒上，与花冠裂片互生；无花盘，或呈环状或为一侧生腺体；子房下位，1～5室，每室含1至多数胚珠，有些子房室常不发育。浆果、核果、瘦果或蒴果。种子含胚乳丰富。

15属约450种，主要分布于北半球温带地区。我国有12属200余种，南北均有分布。永和县2属5种。

分属检索表

1. 花序顶生或侧生，花冠辐射对称，通常辐状；花柱短；核果 ……………… 2. 荚蒾属 *Viburnum*
1. 花成对，腋生或轮生，花冠两侧对称，稀辐射对称，钟状或管状；花柱伸长；浆果 ……………… 1. 忍冬属 *Lonicera*

1. 忍冬属 *Lonicera* L.

约200种，主产北半球温带和亚热带地区。我国约100种，广布于各地，以西南部种类最多。永和县4种。

葱皮忍冬 2015.10.02摄于双锁山

分种检索表

1. 藤本，枝中空；花白色后变黄色；浆果黑色 ……………… 1. 忍冬 *L. japonica*
1. 灌木 ……………… 2
2. 小枝髓心黑色，后中空；总花梗短于叶柄，长1～2厘米 ……………… 4. 金银忍冬 *L. maackii*
2. 小枝髓心白色，实心 ……………… 3
3. 小苞片合生成坛状总苞，完全包被相邻两萼筒；果鲜红色 ……………… 2. 葱皮忍冬 *L. ferdinandii*
3. 小苞片不合生成总苞；果连合至中部，暗红色 ……………… 3. 郁香忍冬 *L. fragrantissima*

1. 忍冬 *Lonicera japonica* Thunb. 又名：金银花

半常绿缠绕藤本。枝褐色或红褐色，中空，幼时密被毛。叶卵形至卵状椭圆形，长3～8厘米，顶端短渐尖至钝，基部圆或近心形，全缘，幼时两面有毛，后上面无毛；叶柄短，密生柔毛。总花梗单生于上部叶腋；苞片叶状，长达2～3厘米；萼筒无毛，萼齿外面和边缘有密毛；花冠先白色略带紫色后变黄色，二唇形，上唇4裂而直立，下唇1片反卷；雄蕊和花柱均高出花冠。花芳香。浆果圆形，熟时蓝黑色，有光泽。花期5～6月（秋季亦常开花），果熟期11月。

我国除西藏外大部分地区有分布，或有生产性栽培，其中以河南、山东较多。适应性很强，对土壤和气候的选择并不严格。知名药材。永和县有零星栽培。

1

2

1 花 2 果

2015.08.14摄于县宾馆院内

2.葱皮忍冬 *Lonicera ferdinandii* Franch. 本地名：皮皮柴

落叶灌木，高达3米。茎皮成条状剥落；幼枝常具刺刚毛，老枝有乳头状突起而粗糙。叶纸质或厚纸质，卵形至卵状披针形或矩圆状披针形，长3～10厘米，顶端尖或短渐尖，基部圆形、截形至浅心形，边缘有时波状，具睫毛，上面疏生刚伏毛或近无毛，下面被刚伏毛和红褐色腺点。总花梗极短，被刚伏毛和红褐色腺点；苞片大，叶状，披针形至卵形，长达1.5厘米，被刚伏毛；小苞片合生成坛状总苞，完全包被相邻两萼筒，内外均有贴生长柔毛；萼齿三角形，顶端稍尖，被睫毛；花冠白色，后变淡黄色，长1～2厘米，有毛，唇形，筒比唇瓣稍长或近等长，上唇浅4裂，下唇细长反曲；花柱上部有柔毛。浆果红色，卵圆形，长达1厘米，外包似撕裂的壳斗，各内含2～7粒种子。花期5～6月，果熟期9～10月。

分布于我国华北、西北、西南各地。生于林缘灌木丛中。

永和县四十里山、扯布山、狗头山均有分布，常与虎榛子、金银忍冬、水栒子等混生。

1 花 2 果 3 冬果

3.郁香忍冬 *Lonicera fragrantissima*

本地名：光皮柴

半常绿或落叶灌木，高达2米。幼枝疏被倒刚毛，间或夹杂短腺毛，毛脱落后留有小瘤状突起；老枝灰褐色。叶厚纸质或带革质，形态变异很大，从倒卵状椭圆形至卵状长圆形，长3～8厘米，顶端尖或突尖，基部圆形或阔楔形，两面无毛或仅下面中脉有少数刚伏毛；叶柄短，有刚毛。花先叶开放，芳香，生于幼枝基部苞腋，总花梗长5～10毫米；相邻两萼筒合生至中部以上，萼檐近截形或微5裂；花冠白色或淡红色，长1～1.5厘米，唇形，上唇4裂，深达中部，下唇舌状，反曲；雄蕊内藏，花柱无毛。浆果红色，椭圆形，长约1厘米，两果下部合生。花期3～4月，果期4～5月。

我国特有植物。分布于山西、陕西、河北、甘肃、江苏、安徽等地。喜光、耐阴，在湿润、肥沃的土壤中生长良好。耐寒，耐旱、忌涝，萌芽性强。

永和县扯布山海拔1400米的阳坡有野生。

1 花 2 幼果 3 果 4 叶

1

2

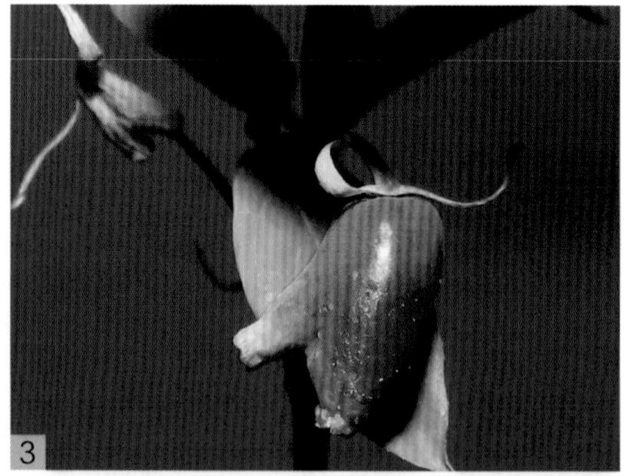

3

4

4. 金银忍冬 *Lonicera maackii* Maxim.

本地名：道道木

落叶灌木，高2～5米。小枝髓心黑色，后变中空。幼枝、叶两面脉上、叶柄、苞片、小苞片及萼檐外面都被短柔毛和微腺毛。叶纸质，卵状椭圆形至卵状披针形，长5～8厘米，顶端渐尖，基部宽楔形至圆形，全缘；叶柄长3～5毫米。花芳香，生于幼枝叶腋，总花梗长短于叶柄；苞片条形，小苞片多少连合成对；相邻两萼筒分离，萼檐钟状，干膜质，萼齿5，不等大，顶端尖；花冠先白色后变黄色，唇形；雄蕊与花柱均稍短于花冠。浆果红色，圆形，直径5～6毫米。花期5～6月，果熟期8～10月。

分布于朝鲜、日本、俄罗斯远东地区和我国。我国分布于东北、华北、西北、华东、华中及西南各地。耐旱，耐寒。药用观赏灌木。

永和县四十里山、扯布山、狗头山均有分布。常与葱皮忍冬、虎榛子、红花锦鸡儿、水栒子等混生。

1

2

3

1 花枝　2 花　3 果枝

2. 荚蒾属 *Viburnum* L.

约200种，分布于北半球温带和亚热带地区。我国70余种，南北均产之，西南部种类最多。永和县1属1种。

陕西荚蒾 *Viburnum schensianum* Maxim.

落叶灌木，高3米。幼枝具星状毛，二年生小枝稍四角状，灰褐色，散生圆形小皮孔。叶纸质，卵状椭圆形、宽卵形或近圆形，长3～6厘米，顶端钝或圆形，有时微凹或稍尖，基部圆形，边缘有较密的小尖齿；叶柄长7～15 毫米。聚伞花序，第一级辐射枝 3～5条；花两性，苞片和小苞片小而早落；萼筒圆筒形，长3.5～4毫米，无毛，萼齿卵形，顶钝；花冠白色，辐状，无毛，筒长约1毫米；雄蕊生于冠筒基部，与花冠等长或稍长，花药圆形。核果红色后变黑色，椭圆形；核卵圆形，腹部有3浅沟。花期4～5月，果期8～9月。

我国特有植物。产山东、湖北、山西、河南、陕西、四川、河北、甘肃、江苏等地。

永和县四十里山、扯布山、狗头山均有分布，常与水栒子、虎榛子、连翘等混生。

1 花　2 果　3 冬果

53. 菊科 Compositae

草本或灌木。叶互生，稀对生或轮生，无托叶或有假托叶。头状花序单生或再排成各种花序，外具1至多层苞片组成的总苞。花两性，稀单性或中性，极少雌雄异株；花萼退化，常变态为毛状、刺毛状或鳞片状，称为冠毛；花冠合瓣，管状、舌状或唇状；雄蕊5，生于花冠筒上，花药合生成筒状，称聚药雄蕊；子房下位，合生心皮2枚，1室，具1直立胚珠。果为不开裂的瘦果。种子无胚乳。

菊科共13族1300余属，近2.2万种，除南极外，全球分布。我国约有220属近3000种，全国各地分布。永和县有木本植物1属1种。

蒿属 *Artemisia* L.

约300余种。主产亚洲、欧洲及北美洲的温带、寒温带及亚热带地区。我国有200种，遍布全国。永和县有半灌木1种。

铁杆蒿 *Artemisia gmelinii* Veb. ex Stechm. 又名：白莲蒿

半灌木状，高30～100厘米。茎直立，有棱，多分枝，基部木质化，暗紫红色。中部叶，卵形或长椭圆状卵形，长4～7厘米，二回羽状深裂，侧裂片5～10对，长椭圆形，小裂片全缘或有锯齿，羽轴有栉齿。头状花序多数，排列成复总状花序；总苞片3～4层，边缘宽膜质；缘花雌性，10～12枚；盘花两性，多数，管状；花托凸起，裸露。瘦果倒卵形，长约1.5毫米，褐色。花期9月，果期11月。

我国东北、华北、西北均有分布。永和县全境有分布，生长于多年生荒山荒坡或林地边缘。耐寒，耐旱。药用半灌木。

叶

2015.07.31摄于神婆岭

54. 禾本科 Gramineae

竹亚科 Bambusoideae

常绿乔木，灌木及蔓性藤本。地下茎有单轴散生，具伸长的地下茎；复轴混生既有伸长的地下茎，又兼有合生轴丛生；合轴丛生秆柄不伸长；合轴散生秆伸长，地下茎节上有芽，芽长大成笋，笋出土后脱箨为秆，秆有节，节内有横隔板，节间中空，稀实心；节上常有2环，下面1环为箨环；2环之间称节内，节内生芽，芽萌发为枝。花两性，少有单性，集成小穗；再由穗集成圆锥花序、穗状花序或总状花序；每小穗基部具1至数颖（苞片）；颖以上具数个或多数花，交互排列于花轴两侧；每花具外稃和内稃各1个；鳞被（浆片）3个；雄蕊以内为雌蕊，花柱1～3个羽毛状柱头。果实为颖果、坚果或浆果。

禾本科660多属1万多种，其中竹亚科约50多属1200余种，主要分布在热带、亚热带和暖温带地区。我国26属350种，主产于长江以南各地。永和县引入1属1种。

刚竹属 *Phyllostachys* Sieb.et Zucc.

约50种以上，分布于亚洲东部。我国约产40种，主要分布在黄河流域以南各地。永和县引入1种。

2015.08.14摄于县宾馆院内

淡竹 *Phyllostachys glauca* McClure

常绿乔木，秆高4～12米，粗2～5厘米。散生直立，节间绿色，幼秆被白粉，无毛，节间长5～40厘米；秆环与箨环均稍隆起，同高；箨鞘淡红褐色至淡绿褐色，无毛，具紫色脉纹及疏生的小斑点，无箨耳及鞘口缝毛；箨舌暗紫褐色，边缘有波状裂齿及细短纤毛；箨叶带状披针形，具多数紫色脉纹。末级小枝具2～3叶，叶耳及鞘口缝毛早落；叶舌紫褐色；叶片长7～16厘米，下表面沿中脉两侧稍被柔毛。笋期4～5月，花期4～6月。

黄河中、下游栽培最多的乡土竹种。永和县2000年引入，县宾馆院有栽植，生长良好。

1 叶　2 秆　3 笋

中文名称索引

拉丁学名索引

图书在版编目（CIP）数据

永和树木图志 / 郭永平编著 . -- 北京：
中国林业出版社，2016.8
ISBN 978-7-5038-8695-9

Ⅰ . ①永… Ⅱ . ①郭… Ⅲ . ①木本植物 – 植物志 – 永和县 – 图集
Ⅳ . ① S717.225.4-64

中国版本图书馆 CIP 数据核字（2016）第 214703 号

中国林业出版社 · 生态保护出版中心

策划编辑： 刘家玲

责任编辑： 刘家玲　何游云

出版　中国林业出版社（100009　北京西城区德内大街刘海胡同 7 号）
http: //lycb.forestry.gov.cn　电话：（010)83143519

发行　中国林业出版社

印刷　北京卡乐富印刷有限公司

版次　2016 年 9 月第 1 版

印次　2016 年 9 月第 1 次

开本　889mm × 1194mm　1/16

印张　17.5

字数　480 千字

定价　200.00 元